中等职业教育**机电技术应用**专业**课程改革成果**系列教材

电气测量技术

张国军　吴海琪　主编

清华大学出版社
北 京

内容简介

本书结合中等职业教育改革的实际，以项目教学为主，以任务为分支开展实践训练。本书共分7个项目，包括电气测量概述、电压与电流的测量、电阻值的测量、电能的测量、电子元器件的测量、电信号的测量和传感器检测。

本书内容翔实，图文并茂，可作为中等职业学校电工类、机电类专业的教材，也可作为培训机构的教材或广大读者的自学用书。

图书在版编目(CIP)数据

电气测量技术/张国军，吴海琪主编. --北京：清华大学出版社，2015(2024.8重印)

中等职业教育机电技术应用专业课程改革成果系列教材

ISBN 978-7-302-35914-2

Ⅰ. ①电… Ⅱ. ①张… ②吴… Ⅲ. ①电气测量－中等专业学校－教材 Ⅳ. ①TM93

中国版本图书馆CIP数据核字(2014)第061893号

责任编辑：帅志清
封面设计：傅瑞学
责任校对：袁　芳
责任印制：刘海龙

出版发行：清华大学出版社
　　网　　址：https：//www.tup.com.cn，https：//www.wqxuetang.com
　　地　　址：北京清华大学学研大厦A座　　**邮　　编**：100084
　　社 总 机：010-83470000　　**邮　　购**：010-62786544
　　投稿与读者服务：010-62776969，c-service@tup.tsinghua.edu.cn
　　质 量 反 馈：010-62772015，zhiliang@tup.tsinghua.edu.cn
印 装 者：三河市龙大印装有限公司
经　　销：全国新华书店
开　　本：185mm×260mm　　**印　　张**：9.75　　**字　　数**：216千字
版　　次：2015年1月第1版　　**印　　次**：2024年8月第9次印刷
定　　价：49.00元

产品编号：055522-02

编委会名单

PREFACE 序

职业教育是通过课程这座桥梁来实现其教育目的和人才培养目标的，任何一种教育教学的改革最终必定会落实到具体的课程上。课程改革与建设是中等职业教育专业改革与建设的核心，而教材承载着职业教育的办学思想和内涵、课程的实施目标和内容，高质量的教材是中等职业教育培养高质量人才的基础。

随着科技的不断进步和新技术、新材料、新工艺的不断涌现，我国的机械制造、汽车制造、电子信息、建材等行业的快速发展为机电技术应用提供了广阔的市场。同时，机电行业的快速发展对从业人员的要求也越来越高。现代企业既需要从事机电技术应用开发设计的高端人才，也需要大量从事机电设备加工、装配、检测、调试和维护保养的高技能机电技术人才。企业不惜重金聘请有经验的高技能机电技术人才已成为当今职业院校机电技术专业毕业生高质量就业的热点。经济社会的发展对高技能机电技术人才的需求定会长盛不衰。

《中等职业教育机电技术应用专业课程改革成果系列教材》是由江苏、浙江两省多年从事职业教育的骨干教师合作开发和编写的。本套教材如同职业教育改革浪潮中迸发出来的一朵绚丽浪花，体现了"以就业为导向、以能力为本位"的现代职教思想，践行了"工学结合、校企合作"的技能型人才培养模式，为实现"在做中学、在评价中学"的先进教学方法提供了有效的操作平台，展现了专业基础理论课程综合化、技术类课程理实一体化、技能训练类课程项目化的课程改革经验与成果。本套教材的问世，充分反映了近几年职教师资职业能力的提升和师资队伍建设工作的丰硕成果。

职业教育战线上的广大专业教师是职业教育改革的主力军，我们期待着有更多学有所长、实践经验丰富、有思想、善研究的一线专业教师积极投身到专业建设、课程改革的大潮中来，为切实提高职业教育教学质量，办人民满意的职业教育，编写出更多、更好的实用专业教材，为职业教育更美好的明天作出贡献。

张　萍

前言

FOREWORD

随着职业技术教育事业的蓬勃发展，传统的教学观念和模式已难以满足现代社会对技能型人才培养的需求，为此，我们编写了本书。

本书与传统的同类教材相比，在内容组织与结构编排上都做了较大的改革，主要特点如下。

一是注重实用性。本书重视知识内容的实用性，内容安排以层次性、规范性、职业性为特点，摒弃过多的专业理论讲解，易教易学，让学生学以致用。

二是注重能力性。本书侧重于操作能力方面的训练。

三是注重新颖性。本书在总体设计上引入项目式教学，将整个电气测量体系分为7个项目，通过任务驱动的形式，把需要掌握的知识和技能融会贯通，加强了实践性教学内容与环节。

本书由江苏盐城机电高等职业技术学校张国军、吴海琪担任主编。其中，项目1、项目3和项目5由吴海琪编写，项目2由张国军编写，项目4和项目7由纵信编写，项目6由江苏省盐城市市区防洪工程管理处秦以培编写。

在本书的编写过程中，我们参考了许多专家和同行的研究成果及专著，从互联网上也下载了一些图片和资料，在此对相关作者一并表示感谢。

由于编者水平有限，疏漏之处在所难免，敬请专家和读者批评指正。

编　者

目录 CONTENTS

项目 1

电气测量概述

项目分析

电气测量是从事电工专业的技术人员必须掌握的基本技能，是通过实验的方法将被测量与相同标准的电量进行比较而得出测量数值的过程。要完成电气测量，首先要认识电气测量仪表，通过观察仪表的外观及其符号和型号标志，了解其用途、使用条件及精度等级等。电气测量的对象主要是电阻、电流、电压、电功率、电能、功率因数等。本项目主要学习电气测量仪表的分类、结构、组成、原理、型号和标志，以及测量误差及处理方法，以达到认识测量仪表，熟悉测量仪表的用途，会选择使用不同测量仪表的目标。

任务 1.1 认识电气测量仪表

任务分析

在本任务中，一是通过观察，初步认识电气测量仪表；二是根据仪表的符号标志，结合相关知识，识别仪表的准确等级、使用条件和绝缘等级；三是根据仪表的型号，结合编制型号的有关规定及标准识别仪表的系列、用途和工作原理。

相关知识

1. 电气测量仪表的分类

电气测量仪表根据其工作原理、测量对象、工作电流性质、使用方法、使用条件和准确度等分类如下。

(1) 按工作原理，分为磁电系、电磁系、电动系、感应系、整流系和静电系等。

(2) 按测量对象，分为电流表(安培表、毫安表、微安表)、电压表(伏特表、毫伏表、微伏表以及千伏表)、功率表(瓦特表)、电度表、欧姆表、相位表、频率表和万用表等。

(3) 按工作电流性质,分为直流仪表、交流仪表和交直流两用仪表。

(4) 按使用方法,分为安装式(面板式)和便携式。

(5) 按使用条件,分为 A、A_1、B、B_1 和 C 五组。

(6) 按准确度,分为 0.1、0.2、0.5、1.0、1.5、2.5 和 5.0 七个等级。

电气测量仪表按功能分为专用仪表和通用仪表两大类。专用仪表适用于特定的对象,需要专门定制。通用仪表应用广泛,灵活性能较好,分为以下几类。

(1) 信号发生器:包括高、低频信号发生器,合成信号发生器,脉冲、函数、噪声信号发生器等。

(2) 示波器:包括通用示波器、多踪示波器、多扫描示波器、取样示波器、数字存储示波器、模拟数字混合示波器等。

(3) 电压测量仪器:包括低频电压表、毫伏表、高频电压表、脉冲电压表、数字电压表等。

(4) 信号分析仪器:包括失真度测试仪、谐波分析仪等。

(5) 频率测量仪器:包括各种频率计。

2. 电气测量仪表的型号

电气测量仪表的型号是按一定的编号规则编制的,不同结构形式的仪表有不同的编号规则。产品型号反映出仪表的用途、工作原理等特性,对于仪表的选择有着重要意义。

(1) 安装式(面板式)电工仪表的型号一般由形状、系列、设计和用途代号组成。其中,形状代号有 2 位,第 1 位代表仪表面板的最大尺寸,第 2 位代表外壳的尺寸;系列代号表示仪表的工作原理,如磁电系的代号为 C,电磁系的代号为 T,电动系的代号为 D,感应系的代号为 G,整流系的代号为 L,电子系的代号为 Z 等;用途代号表示测量的量。例如:

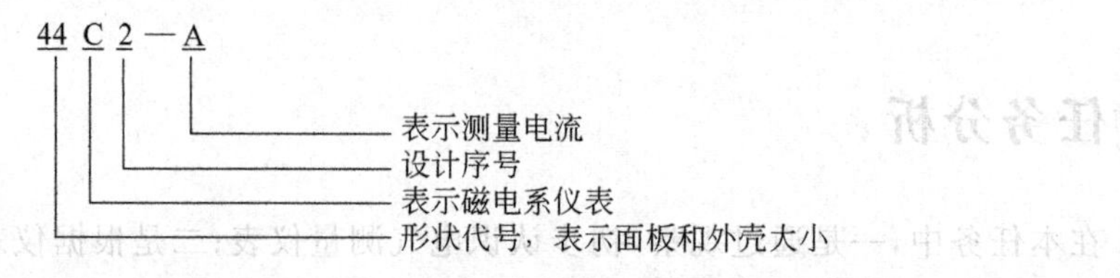

(2) 可携带仪表因不存在安装方面的问题,所以仪表的型号除了不用形状代号外,其他部分与安装式仪表相同。例如:

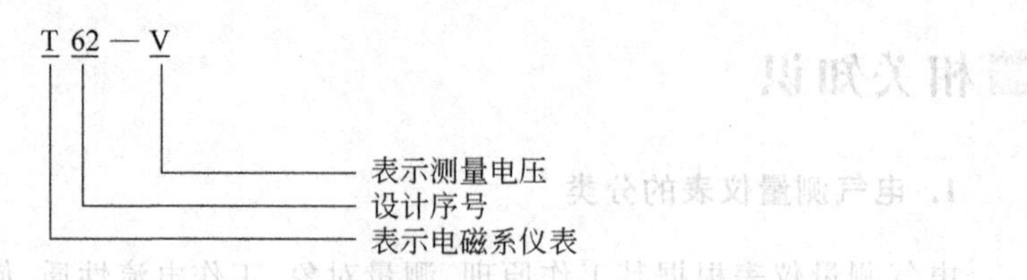

3. 电气测量仪表的标志

不同的电工仪表具有不同的技术特性,为了便于选择和正确地使用仪表,通常用不同的符号来表示这些技术特性,并标注在仪表的面板上。这些符号叫做仪表的标志。相关的电气测量仪表标志及测量单位符号如表 1-1-1 和表 1-1-2 所示。

表 1-1-1　电气测量仪表的标志

类别	仪表名称	符　号	测量单位符号或可测物理量	备　注
被测电量	直流表	—	直流电流、电压	交流电表一般按正弦交流电的有效值标度
	交流表	～	交流电流、电压	
	交直流表	≂	直流或交流电流、电压	
	三相交流表	3N～	交流电流、电压	
仪表精度	0.1 级	基本误差(%)±0.1		用于标准表计量(价格最高)
	0.2 级	基本误差(%)±0.2		用于副标准器
	0.5 级	基本误差(%)±0.5		用于精度测量
	1.0 级	基本误差(%)±1.0		用于大型配电盘
	1.5 级	基本误差(%)±1.5		配电盘、教师、工程技术人员使用
	2.5 级	基本误差(%)±2.5		用于小型配电盘
	5.0 级	基本误差(%)±5.0		用于学生实验(价格最低)
防护性能	普通型			
	防尘型			
	防溅型			
	防水型			
	水密型			
	气密型			
	隔爆型			
使用方式	安装式(面板式)			
	可携式			

表 1-1-2　电气测量单位符号

名　称	符号	名　称	符号	名　称	符号
千安	kA	瓦特	W	毫欧	mΩ
安培	A	兆乏	Mvar	微欧	μΩ
毫安	mA	千乏	kvar	相位角	ϕ
微安	μA	乏	var	功率因数	$\cos\phi$
千伏	kV	兆赫	MHz	无功功率因数	$\sin\phi$
伏特	V	千赫	kHz	微法	μF
毫伏	mV	赫兹	Hz	皮法	pF
微伏	μV	兆欧	MΩ	亨利	H
兆瓦	MW	千欧	kΩ	毫亨	mH
千瓦	kW	欧姆	Ω	微亨	μH

任务实施

1. 工作准备

准备单相、三相电度表，指针式、数字式万用表，安装式、便携式电流表，安装式、便携式电压表各1块。

2. 工作过程

查询现有仪表的型号、类别和适用范围，填写表1-1-3。

表1-1-3 认识电气测量仪表任务实施表

序号	仪表名称	仪表型号	仪表类别	适用范围
1	电度表(单相)			
2	电度表(三相)			
3	万用表(指针式)			
4	万用表(数字式)			
5	电流表(安装式)			
6	电流表(便携式)			
7	电压表(安装式)			
8	电压表(便携式)			

3. 检测评价

评分标准如表1-1-4所示。

表1-1-4 认识电气测量仪表评分标准

序号	项目内容	配分	扣分要求	得分
1	仪表仪器的名称	30	书写要正确规范，写错一个字，扣5分	
2	仪表仪器的型号	30	仪表型号代码错，一个扣5分	
3	仪表仪器的用途	40	每块仪表不能完全描述用途，扣5分	
时间：30分钟			成绩：	

知识拓展

智能仪器的工作原理、功能特点及发展趋势

智能仪器是含有微型计算机或者微型处理器的测量仪器，拥有对数据的存储、运算、逻辑判断及自动化操作等功能。智能仪器的出现，极大地扩充了传统仪器的应用范围。智能仪器凭借其体积小、功能强、功耗低等优势，迅速地在家用电器、科研单位和工业企业

中得到了广泛的应用。

1. 智能仪器的工作原理

传感器拾取被测参量的信息并转换成电信号，经滤波去除干扰后送入多路模拟开关；由单片机逐路选通模拟开关，将各输入通道的信号逐一送入程控增益放大器，放大后的信号经A/D转换器转换成相应的脉冲信号后送入单片机；单片机根据仪器所设定的初值进行相应的数据运算和处理（如非线性校正等）；运算的结果被转换为相应的数据进行显示和打印；同时，单片机把运算结果与存储于片内Flash ROM（闪速存储器）或EEPROM（电可擦除存储器）内的设定参数进行运算比较后，根据运算结果和控制要求，输出相应的控制信号（如报警装置触发、继电器触点等）。此外，智能仪器与PC组成分布式测控系统，由单片机作为下位机采集测量信号与数据，通过串行通信将信息传输给上位机——PC，由PC进行全局管理。

2. 智能仪器的功能特点

随着微电子技术的不断发展，出现了集成CPU、存储器、定时器/计数器、并行和串行接口、看门狗、前置放大器，甚至A/D、D/A转换器等电路在一块芯片上的超大规模集成电路芯片（即单片机）。以单片机为主体，将计算机技术与测量控制技术结合在一起，组成了所谓的“智能化测量控制系统”，也就是智能仪器。

与传统仪器仪表相比，智能仪器具有以下功能特点。

(1) 操作自动化。仪器的整个测量过程，如键盘扫描，量程选择，开关启动/闭合，数据采集、传输与处理以及显示、打印等，都用单片机或微控制器来控制操作，实现测量过程的全部自动化。

(2) 具有自测功能，包括自动调零、自动故障与状态检验、自动校准、自诊断及量程自动转换等。智能仪表能自动检测出故障的部位，甚至故障的原因。这种自测试可以在仪器启动时运行，也可以在仪器工作中运行，极大地方便了仪器的维护。

(3) 具有数据处理功能，这是智能仪器的主要优点之一。智能仪器由于采用了单片机或微控制器，使得许多原来用硬件逻辑难以解决或根本无法解决的问题，现在可以用软件非常灵活地解决。例如，传统的数字万用表只能测量电阻、交/直流电压、电流等，智能型数字万用表不仅能完成上述测量，还具有对测量结果进行诸如零点平移、取平均值、求极值、统计分析等复杂的数据处理功能，这不仅使用户从繁重的数据处理中解放出来，也有效地提高了仪器的测量精度。

(4) 具有良好的人—机对话能力。智能仪器使用键盘代替传统仪器中的切换开关，操作人员只需通过键盘输入命令，就能实现测量功能。与此同时，智能仪器通过显示屏将仪器的运行情况、工作状态以及对测量数据的处理结果及时告诉操作人员，使其操作更加方便、直观。

(5) 具有可程控操作能力。一般智能仪器都配有GPIB、RS-232C、RS-485等标准的通信接口，可以很方便地与PC和其他仪器组成用户需要的多种功能的自动测量系统，来完成更复杂的测试任务。

3. 智能仪器的发展趋势

近年来,智能化测量控制仪表的发展十分迅速。国内市场上出现了多种多样智能化测量控制仪表,例如,能够自动进行差压补偿的智能节流式流量计,能够进行程序控温的智能多段温度控制仪,能够实现数字PID和各种复杂控制规律的智能式调节器,以及能够对各种谱图进行分析和完成数据处理的智能色谱仪等。

智能仪器的发展趋势如下所述。

1) 微型化

随着微电子机械技术的发展,微型智能仪器技术逐渐成熟,价格逐步降低,因此其应用领域不断扩大。

它不但具有传统仪器的功能,而且能在自动化技术、航天、军事、生物技术、医疗领域发挥独特的作用。例如,目前要同时测量一位病人的几个不同的生理指标参量,并进行某些参量的控制,通常病人体内要插进几根管子,这增加了感染的机会。微型智能仪器能同时测量多个参数,而且其体积小,可植入人体,使得问题得到解决。

2) 多功能

多功能本身就是智能仪器仪表的一个特点。例如,为了设计速度较快和结构较复杂的数字系统,仪器生产厂家制造了具有脉冲发生器、频率合成器和任意波形发生器等功能的函数发生器。这种多功能综合型产品不但在性能上(如准确度)比专用脉冲发生器和频率合成器高,而且在测试功能上提供了较好的解决方案。

3) 人工智能化

人工智能是计算机应用的一个崭新领域。它利用计算机模拟人的智能,用于机器人、医疗诊断、专家系统、推理证明等方面。智能仪器将具有一定的人工智能,即代替人的一部分脑力劳动,从而在视觉(图形及色彩辨读)、听觉(语音识别及语言领悟)、思维(推理、判断、学习与联想)等方面具有一定的能力。这样,智能仪器可无需人的干预,自主地完成检测或控制功能。

4) 网络化

融合ISP和EMIT技术,可实现仪器仪表系统接入Internet。

伴随着网络技术的飞速发展,Internet技术逐渐向工业控制和智能仪器仪表系统设计领域渗透,实现智能仪器仪表系统基于Internet的通信能力,以及对设计好的智能仪器仪表系统进行远程升级、功能重置和系统维护。

5) 虚拟仪器是智能仪器发展的新阶段

测量仪器的主要功能由数据采集、数据分析和数据显示三大部分组成。在虚拟现实系统中,数据分析和显示完全用PC软件来完成。因此,只要额外提供一定的数据采集硬件,就可以与PC组成测量仪器。这种基于PC的测量仪器称为虚拟仪器。在虚拟仪器中,使用同一个硬件系统,再应用不同的软件编程,就可以得到功能完全不同的测量仪器。可见,软件系统是虚拟仪器的核心,“软件就是仪器”。

传统的智能仪器主要是在仪器技术中采用了某种计算机技术,而虚拟仪器强调在通用的计算机技术中吸收仪器技术。作为虚拟仪器核心的软件系统,具有通用性、通俗性、可视性、可扩展性和升级性，能为用户带来极大的利益，因此具有传统的智能仪器无法比拟的应用前景和市场。

思考与练习

1. 按工作原理分类，电工指示仪表分为哪几种？
2. 写出三种以上常用电气测量仪表的名称。
3. 写出电阻、电流、电压、电功率的单位符号。

任务 1.2　减小测量误差的方法

任务分析

测量时，除了正确选择仪表和掌握仪表的正确使用方法之外，还要对其进行校验及误差计算，以修正测量结果，从而获取更准确的测量值。本任务主要学习测量误差的来源、表示方法、分类和消除方法。

相关知识

1. 测量误差的来源

在测量过程中，由于受到测量方法、测量设备、测量条件及测量者个人因素等多方面的影响，测量结果不可能是被测量的真实值，而是它的近似值。测量结果与被测量的实际值之间总会存在一定的差值，这个差值称为测量误差。

测量误差主要来源于以下四个方面。

(1) 理论误差与方法误差。由于测量时所依据的理论不严密或理论公式本身的近似性，或者是实验方法本身不完善引起的误差称为理论误差。由于测量方法不合理造成的误差称为方法误差。

(2) 仪表误差。由于仪表本身及其附件的电气、机械等性能不完善造成的误差，称为仪表误差。例如，刻度不准确、调节机构不完善等造成的读数误差，元件老化、环境改变等造成的稳定性误差都属于仪表误差。在测量中，仪表的误差往往是产生测量误差的主要原因。

(3) 影响误差。由于环境因素与仪表测量要求的条件不一致造成的误差称为影响误差，也称为环境误差或仪表的附加误差。例如，测量时温度、温度、电源电压等因素造成的误差。

(4) 人为误差。由于测量者的个体差异，以及生理因素、固有习惯、心理因素引起的误差称为人为误差。例如，读错刻度、记错数据、使用或操作不当造成的误差。

在测量工作中，对于误差的来源必须认真分析，以便采取相应的措施，减小误差对测量结果的影响。

2. 误差的表示方法

测量误差通常用绝对误差和相对误差表示。

1）绝对误差

测量结果 x 与被测量实际值 A 之间的差值，称为绝对误差，用 Δx 表示，即

$$\Delta x = x - A \tag{1-1}$$

由于被测量的实际值 A 往往是很难确定的，所以在实际测量中，通常用标准表的指示值或多次测量的平均值作为被测量的实际值。

【例 1-1】 某电路中的电流为 10A。用甲电流表测量时的读数为 9.8A，用乙电流表测量时其读数为 10.4A。试求两次测量的绝对误差。

解：由式(1-1)求得用甲表测量的绝对误差为

$$\Delta I_1 = I_1 - I_0 = 9.8 - 10 = -0.2(\text{A})$$

用乙表测量的绝对误差为

$$\Delta I_2 = I_2 - I_0 = 10.4 - 10 = 0.4(\text{A})$$

由此可知，绝对误差有正、负之分，正误差说明测量值比真实值大，负误差说明测量值比真实值小。对同一个被测量而言，测量的绝对误差越小，测量越准确。

2）相对误差

当被测量不是同一个值时，绝对误差的大小不能反映测量的准确度，这时应该用相对误差的大小来判断测量的准确度。

测量值的绝对误差 Δx 与被测量实际值 A 之比，称为相对误差，用符号 γ 表示，即

$$\gamma = \frac{\Delta x}{A} \times 100\% \tag{1-2}$$

【例 1-2】 用电压表甲测量 20V 电压时，绝对误差为 0.4V；用电压表乙测量 100V 电压时，绝对误差为 1V。试问：哪一只表的测量准确度高？

解：由式(1-2)可得用电压表甲测量的相对误差为

$$\gamma_1 = \frac{0.4}{20} \times 100\% = 2\%$$

用电压表乙测量的相对误差为

$$\gamma_2 = \frac{1}{100} \times 100\% = 1\%$$

故用乙电压表比用甲电压表测量更准确。

由此可知，虽然用甲表测量的绝对误差比用乙表要小，但乙表的相对误差比甲表小，说明实际上乙表比甲表的测量准确度高。

3. 测量误差的分类及消除方法

根据产生测量误差的原因不同，测量误差分为系统误差、偶然误差和疏失误差三大类。

1）系统误差

系统误差是指在相同条件下多次测量同一量时，误差的大小和符号均保持不变，而在条件改变时遵从一定规律变化的误差。

系统误差包括理论误差与方法误差、仪表误差和影响误差。

应根据误差产生的原因，采取相应的措施消除系统误差。消除系统误差的方法有以下三种。

(1) 对度量器、测量仪器仪表进行校正；在准确度要求较高的测量结果中，引入校正值进行修正。

(2) 消除产生误差的根源，即正确选择测量方法和测量仪器，改善仪表安装质量和配线方式，尽量使测量仪表在规定的使用条件下工作，消除外界因素造成的影响。

(3) 采用特殊的测量方法，如正负误差补偿法、替代法等。例如，用电流表测量电流时，考虑到外磁场对读数的影响，可以把电流表转动 180°进行两次测量。在两次测量中，必然出现一次读数偏大而另一次读数偏小的现象，取两次读数的平均值作为测量结果，其正、负误差抵消，有效地消除外磁场对测量的影响。

2）偶然误差

偶然误差又称为随机误差，是一种大小和符号都不确定的误差，即在同一条件下对同一被测量重复测量时，各次测量结果很不一致，没有确定的变化规律。这种误差的处理依据概率统计方法。产生偶然误差的原因很多，如温度、磁场、电源频率的偶然变化等。此外，观测者本身感官分辨本领的限制，也是偶然误差的一个来源。偶然误差反映了测量的精密度，偶然误差越小，精密度越高；反之，则精密度越低。

系统误差和偶然误差是两类性质完全不同的误差。系统误差反映在一定条件下误差出现的必然性，偶然误差则反映在一定条件下误差出现的可能性。系统误差和偶然误差两者对测量结果的综合影响反映为测量的准确度，又称精确度。

偶然误差的消除方法是：在同一条件下，对被测量进行足够多次的重复测量，取其平均值作为测量结果。根据统计学原理可知，在足够多次的重复测量中，正误差和负误差出现的可能性几乎相同，因此偶然误差的平均值几乎为零。所以，在测量仪器仪表选定以后，测量次数是保证测量精确度的前提。

3）疏失误差

疏失误差是指在测量过程中由于操作、读数、记录和计算等方面的错误引起的误差。显然，凡是含有疏失误差的测量结果是应该摒弃的。

消除疏失误差的根本方法是加强操作者的责任心，倡导认真负责的工作态度。

任务实施

1. 工作准备

准备任务实施所需器件，如表 1-2-1 所示。

表 1-2-1 器材清单

序号	名　称	型号与规格	数量	备注
1	可调直流稳压电源	0～30V	1	
2	指针式万用表	MF-47 或其他	1	
3	电阻器	按需选择		
4	直流电压表	1.5 级,10V	1	
5	直流电压表	1.0 级,50V	1	

2. 工作过程

(1) 被测电压值在 8V 左右,问选用哪一只电压表测量结果较为准确? 记录数据并填写表 1-2-2。

表 1-2-2 数据记录表(1)

仪器名称	测量值	绝对误差	相对误差
直流电压表 1.5 级,10V			
直流电压表 1.0 级,50V			

(2) 用指针式万用表直流电压 10V 挡量程测量图 1-2-1 所示电路中 R_1 上的电压 U'_{R1}之值,并计算绝对误差与相对误差,记录数据并填写表 1-2-3。

表 1-2-3 数据记录表(2)

U	R_2	R_1	计算值 U_{R1}/V	实测值 U'_{R1}/V	绝对误差 ΔU	相对误差$(\Delta U/U)\times 100\%$
12V	10kΩ	50kΩ				

(3) 注意事项

① 测量前,要对仪表校验。校验过程中应特别注意安全操作。

② 测量过程中,对仪表量程的选择要合理。

③ 电压表应与被测电路并联,电流表应与被测电路串联,并且注意正、负极性。

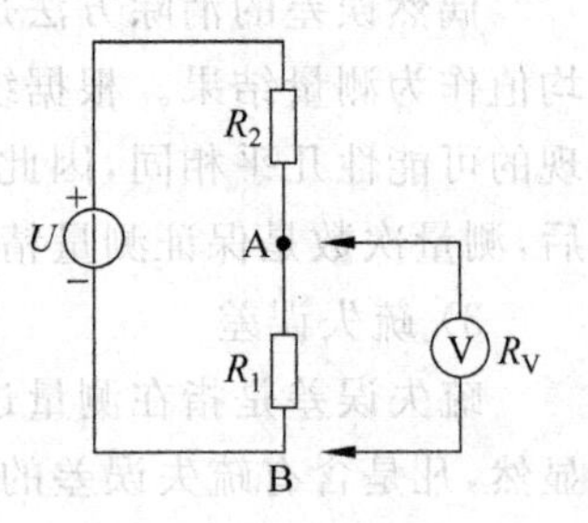

图 1-2-1 万用表测量电压

3. 检测评价

评分标准如表 1-2-4 所示。

表 1-2-4 测量误差评分标准

序号	项目内容	配分	扣分要求	得分
1	电路连接	20	电路连接错误,扣 20 分	
2	校验步骤	10	校验步骤每错一步,扣 5 分	

续表

序号	项目内容	配分	扣分要求	得分
3	测量误差的计算	30	测量误差计算每错一处,扣5分	
4	数据分析	40	数据分析每错一处,扣5分	
时间:30分钟			成绩:	

知识拓展

测量结果及表示方法

1. 测量结果的表示

这里只讨论测量结果的数字式表示,它包括一定的数值(绝对值的大小及符号)和相应的计量单位,例如7.1V、465kHz等。

有时为了说明测量结果的可信度,在表示测量结果时,要同时注明其测量误差值或范围。例如,(4.32±0.01)V、(465±1)kHz等。

2. 有效数字及有效数字位

测量结果通常表示为一定的数值,但测量过程总存在误差,多次测量的平均值也存在误差。如何用近似数据恰当地表示测量结果,涉及有效数字的问题。

有效数字是指从最左面一位非零数字算起,到含有误差的那位存疑数字为止的所有各位数字。在测量过程中,正确地写出测量结果的有效数字,合理地确定测量结果位数是非常重要的。对有效数字位数的确定应掌握以下几方面的内容。

(1) 有效数字位与测量误差的关系。原则上,可从有效数字的位数估计出测量误差,一般规定误差不超过有效数字末位单位的一半。例如1.00A,则测量误差不超过±0.005A。

(2) 0在最左面为非有效数字。例如0.03kΩ,两个零均为非有效数字。0在最右面或两个非零数字之间均为有效数字,不得在数据的右面随意加0。如将1.00A改为1.000A,表示将误差极限由0.005A改成0.0005A。

(3) 有效数字不能因选用的单位变化而改变。如测量结果为2.0A,它的有效数字为2位;若改用mA作为单位,将2.0A改写成2000mA,则有效数字变成4位,是错误的,应改写成2.0×10^{3}mA,此时它的有效数字仍为2位。

3. 数字的舍入规则

在测量数据中,超过保留位数的数字应予删略。删略的原则是“舍入规则”,与古典的“四舍五入”不同,其具体操作如下所述。

若需保留n位有效数字,对于n位以后位余下的数,若大于保留数字末位(即第n位)单位的一半,则在舍去的同时在第n位加1;若小于该位单位的一半,则第n位不变,后面的数字全部舍去。若刚好等于该单位的一半,第n位原为奇数,则加1变为偶数;原为偶数,则不变,后面的数字全部舍去,此即“求偶数法则”。

思考与练习

1. 如何消除测量过程中的系统误差、偶然误差和疏失误差？

2. 检定一只“3mA，2.5 级”电流表的满度相对误差时，有下列几只标准电流表，选用（　　）只最合适。

A. “10mA，0.5 级”　　B. “10mA，0.2 级”

C. “15mA，0.2 级”　　D. “100mA，0.1 级”

项目 2

电压与电流的测量

项目分析

电压与电流的测量是电气测量的主要内容，是最基本的测量，在生产实践中应用最广泛。电压测量是电参数、非电参数测量的基础。在电气测量中，要根据被测电压与电流的信号不同，选择不同的测量仪表。

任务 2.1 测量电压

任务分析

电压、电流、功率是表征电信号能量大小的三个基本参量。在电子电路中，只要测量出其中一个参量，就可以根据电路的阻抗求出其他两个参量。考虑到测量的方便性、安全性、准确性等因素，几乎都用测量电压的方法来测定表征电信号能量大小的三个基本参量。此外，许多参数，例如频率特性、谐波失真度、调制度等都可视为电压的派生量。所以，电压的测量是其他许多电参量测量的基础。

在非电量测量中，将物理量转换为电压信号再进行测量，如测量温度、压力、振动、(加)速度等。

相关知识

1. 电压测量的特点

电子电路中的电压具有频率范围宽、幅度差别大、波形多样化等特点，所以对测量电压采用的电子电压表提出了相应的要求，主要有以下几个方面。

1）频率范围宽

除直流电压外，交流电压的频率在 $10^{-6}\sim10^{-9}$ Hz 范围内变化。

2）量程宽(测量范围)

通常，被测信号电压小到微伏级，大到千伏以上。这就要求测量电压仪表的量程相当宽。

电压表所能测量的下限值定义为电压表的灵敏度。目前只有数字电压表才能达到微伏级的灵敏度。

3）被测波形的多样性

除正弦波外，电路中还有失真的正弦波和大量的非正弦波。测量时，应考虑不同波形的需要。测非正弦波形时，其读数无直接意义，被测电压大小要根据电压表的类型和波形来确定，即需要换算。

4）输入阻抗高

电压测量仪器以并联方式连入电路，其输入阻抗是被测电路的附加并联负载。

为了减小电压表对测量结果的影响，对于直流和低频电压，要求电压表的输入阻抗很高，即输入电阻大；对于高频电压，要求输入电容小，使附加的并联负载对被测电路影响很小。目前，直流数字电压表在小量程上的输入阻抗高达 10GΩ，高量程时可达 10MΩ。

5）测量精度高

对于一般的工程测量，如市电的测量、电路电源电压的测量等都不要求高的精度，准确度在 1%～3%即可。一般对直流电压的测量可获得最高准确度，达到 $10^{-4}\sim10^{-7}$ 量级(数字表)；对交流电压的测量可获得 $10^{-2}\sim10^{-4}$ 量级的准确度。模拟式电压表一般只能达到 10^{-2} 量级。

6）抗干扰能力强

测量工作一般都在有干扰的环境下进行，所以要求测量仪表具有较强的抗干扰能力。对于数字电压表来说，这个要求更为突出。测量时，采取必要的措施，如接地、屏蔽等，可减小干扰的影响。

2. 电压测量仪器的分类

电压表，又叫伏特表，用来测量电路中电压的大小。电压表有三个接线柱，一个负接线柱，两个正接线柱。常用电压表一般正接线柱有 3V 和 15V 两个。测量时，根据电压大小选择量程为“15V”时，刻度盘上的每个大格表示 5V，每个小格表示 0.5V(即最小分度值是 0.5V)；量程为“3V”时，刻度盘上的每个大格表示 1V，每个小格表示 0.1V(即最小分度值是 0.1V)。

1）电压表技术参数

电压表技术参数如表 2-1-1 所示。

表 2-1-1 电压表技术参数

型 号	对应量程	测量范围	分辨率	基 本 误 差
PZ88/1	20mV	0～19.99mV	10μV	±(0.1[%]RD+0.15[%]FS)
PZ88/2	200mV	0～199.9mV	100μV	±(0.1[%]RD+0.15[%]FS)

续表

型　号	对应量程	测量范围	分辨率	基本误差
PZ88/3	2V	0～1.999V	1mV	±(0.1[%]RD+0.1[%]FS)
PZ88/4	20V	0～19.99V	10mV	
PZ88/5	200V	0～199.9V	100mV	

2）电压表使用条件

（1）使用温度：0～+40℃。

（2）相对湿度：80%以下。

（3）供电电源：(220±22)V，频率 50Hz。

（4）测量速度：2～3 次/秒。

（5）外形尺寸：48mm×110mm×112mm。

3）电压表的分类

（1）按磁系统分类，电压表分为磁电系、电磁系和电动系。

① 磁电系电压表。如图 2-2-1 所示，图 2-2-1(a)中的 R_1、R_2、R_3 分别为量限分压电阻；图 2-2-1(b)中的 R_3 为分流电阻锰铜电阻，R_0 为电压表的内阻，R_1 为温度补偿并联电阻，R_2 为温度补偿串联电阻；图 2-2-1(c)中的 R 为分压电阻。

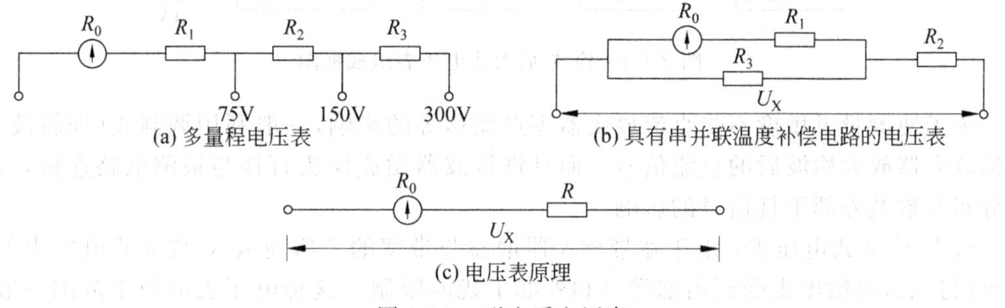

(a) 多量程电压表　(b) 具有串并联温度补偿电路的电压表

(c) 电压表原理

图 2-1-1　磁电系电压表

电压表的表头是一个小量程的电流表，为了适应大量程的需要，在表头串联一个分压电阻。在测量较大电压时，由于电阻的分压作用，只有小部分电压被表头分担，所以这种仪表可以测量较大的电压值。

为了改善温度对电流表的影响，保证测量精度，设计时通常在表头部分串联(或并联)具有温度补偿作用的锰铜电阻。

② 电磁系电压表。这种仪表在表头中直接串联了一个附加电阻。

③ 电动系电压表。如图 2-1-2 所示，电动系电压表是在电动系电流表的基础上串联一个分压电阻而成，其缺点是内阻较小，容易受外界磁场的影响。

（2）按显示方式分类，电压表分为模拟式电压表和数字式电压表两大类。

① 模拟式电压表又叫指针式电压表，如图 2-1-3 所示，一般采用磁电式直流电流表头作为被测电压的指示器。测量直流电压时，可直接或经放大或经衰减后变成一定量的直流电流，驱动直流表头的指针偏转指示。测量交流电压时，必须经过交流—直流变换器，

即检波器，将被测交流电压转换成与之成比例的直流电压后，再进行直流电压的测量。

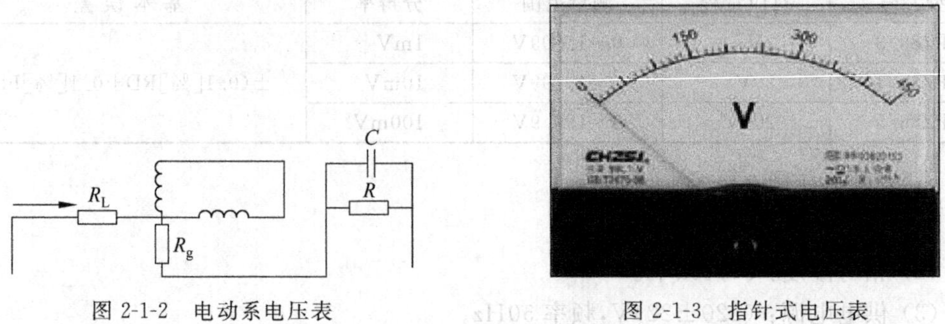

图 2-1-2 电动系电压表　　图 2-1-3 指针式电压表

模拟式电压表的主要结构包括表头、磁电式直流电流表、交直流转换器、检波器。

模拟式电压表还可以分为以下几类。

• 按检波器的位置，分为检波-放大式电压表、放大-检波式电压表和外差式电压表。

检波-放大式电压表：这种电压表的频率范围和输入阻抗主要取决于检波器。采用超高频检波二极管时，可使这种表的频率范围从几十赫兹至数百兆赫兹，甚至可达1GHz；其输入阻抗也比较大，所以又称为高频毫伏表或超高频毫伏表（如图 2-1-4 所示）。

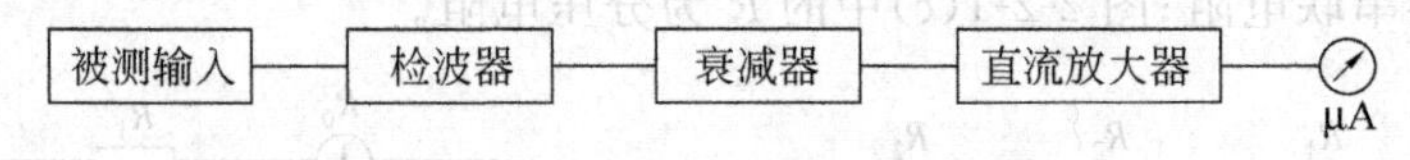

图 2-1-4 检波-放大式电压表组成框图

为了使测量灵敏度不受直流放大器零点漂移等的影响，一般利用调制式（即斩波式）直流放大器放大检波后的直流信号。而且将检波器做成探头直接与被测电路连接，以减小分布参数及外部干扰信号的影响。

放大-检波式电压表：由于宽带放大器增益与带宽的矛盾使放大-检波式电压表的频宽难以扩展，灵敏度也受到内部噪声和外部干扰的限制。这种电压表的频率范围一般为20Hz～10MHz，灵敏度达毫伏级，通常称为视频毫伏表，多用在低频、视频场合。

放大-检波式电压表组成如图 2-1-5 所示。

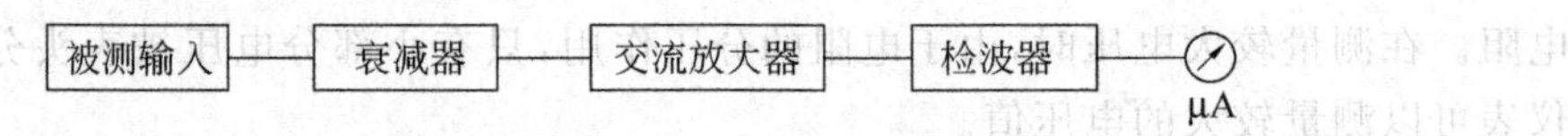

图 2-1-5 放大-检波式电压表组成框图

外差式电压表：这种电压表的组成如图 2-1-6 所示。

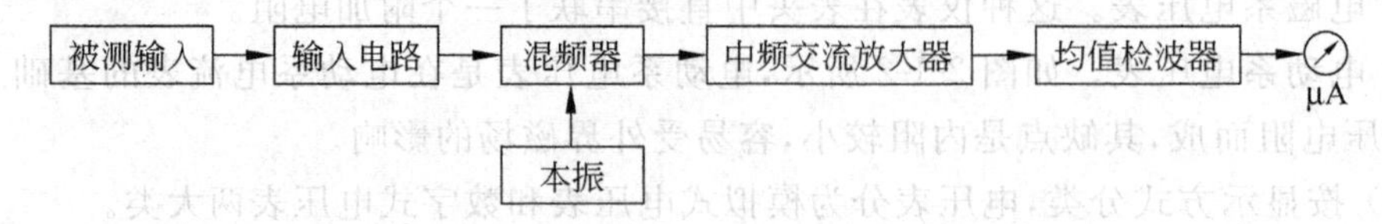

图 2-1-6 外差式电压表组成框图

• 按检波器的类型，分为均值电压表、峰值电压表和有效值电压表。

均值电压表的检波器为均值检波器；峰值电压表的检波器为峰值检波器；有效值电压

表的检波器为有效值检波器。

② 数字式电压表(DVM)实际上是一种用A/D变换器作为测量机构,用数字显示器显示测量结果的电压表。测量交流电压及其他电参量的数字式电压表必须在A/D变换器之前对被测电参量进行转换处理,将被测电参量变换成直流电压。

按A/D转换器的类型,将数字式电压表分为比较式数字电压表、积分式数字电压表和复合式数字电压表。

3. 电压表的工作原理

电压表和电流表都是根据电流的磁效应原理制作的(见图2-1-7),电流越大,产生的磁力越大,表现出来的就是电压表指针的摆幅越大。电压表内有一块磁铁和一个线圈。通电后,线圈产生磁场,在磁铁的作用下旋转,这就是电流表、电压表的表头部分。表头能通过的电流很小,两端能承受的电压也很小(远小于1V,可能只有零点零几伏,甚至更小)。为了能测量实际电路中的电压,需要给电压表串联一个比较大的电阻。这样,即使两端加上比较大的电压,大部分电压都作用在大电阻上,表头的电压很小。电压表是一种内部电阻很大的仪器,一般为几千欧。由于电压表要与被测电阻并联,所以如果直接用灵敏电流计当电压表用,表中的电流过大,会烧坏电表,这时需要在电压表的内部电路中串联一个很大的电阻,当电压表再次并联在电路中时,由于电阻的作用,加在电表两端的电压绝大部分都被串联的电阻分担了,所以通过电表的电流实际上很小,就可以正常使用电压表了。直流电压表的符号要在V下加“—”,交流电压表的符号要在V下加波浪线“～”。

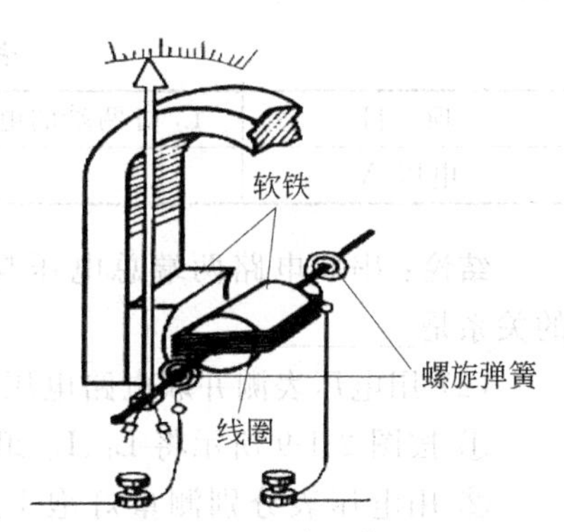

图2-1-7 电压表工作原理图

任务实施

1. 工作准备

干电池3节,2个阻值不同的小灯泡,1个开关,1只电压表,导线若干。

2. 工作过程

1) 使用电压表的注意事项

使用电压表时应注意以下几点。

(1) 测电压时,必须把电压表并联在被测电路的两端。

(2) “+”、“-”接线柱不能接反。

(3) 正确选择量程。被测电压不要超过电压表量程。

2）用电压表测串、并联电路电压

（1）用电压表测串联电路电压。

① 按图 2-1-8 所示将 L_1、L_2 组成串联电路。

② 用电压表分别测量灯泡 L_1 两端的电压 U_1，灯泡 L_2 两端的电压 U_2 以及灯泡 L_1 与 L_2 串联的总电压 U，并填写表 2-1-2。

要求：在图 2-1-8 所示电路图中标出电压表的“+”、“−”接线柱。

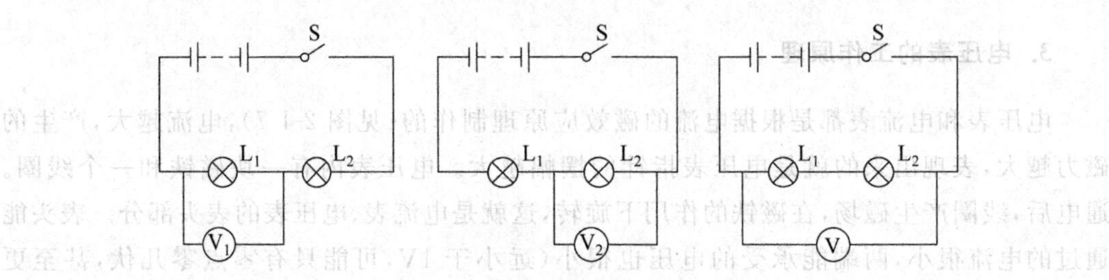

图 2-1-8　用电压表测串联电路电压

表 2-1-2　数据记录表(1)

项　目	L_1 灯两端的电压 U_1	L_2 灯两端的电压 U_2	L_1、L_2 两端总电压 U
电压/V			

结论：串联电路两端总电压与各部分电路两端电压的关系是________。

（2）用电压表测并联电路电压。

① 按图 2-1-9 所示将 L_1、L_2 组成并联电路。

② 用电压表分别测量灯泡 L_1 两端的电压 U_1、灯泡 L_2 两端的电压 U_2 以及 A、B 两点之间的总电压 U，并填写表 2-1-3。

要求：在图 2-1-10 所示电路图中标出电压表的“+”、“−”接线柱。

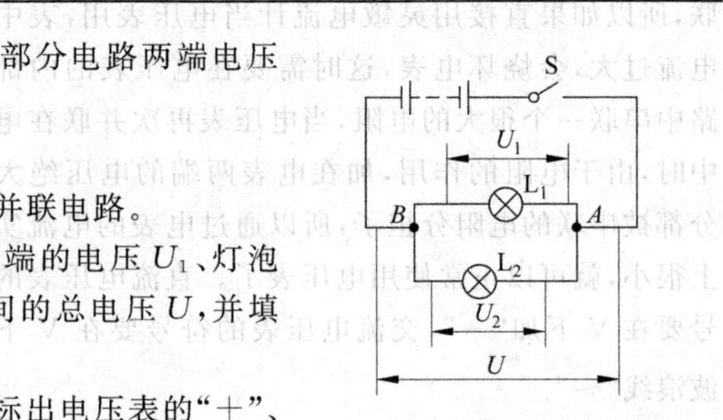

图 2-1-9　电压表并联接线图 1

表 2-1-3　数据记录表(2)

项　目	L_1 灯两端的电压 U_1	L_2 灯两端的电压 U_2	L_1、L_2 两端总电压 U
电压/V			

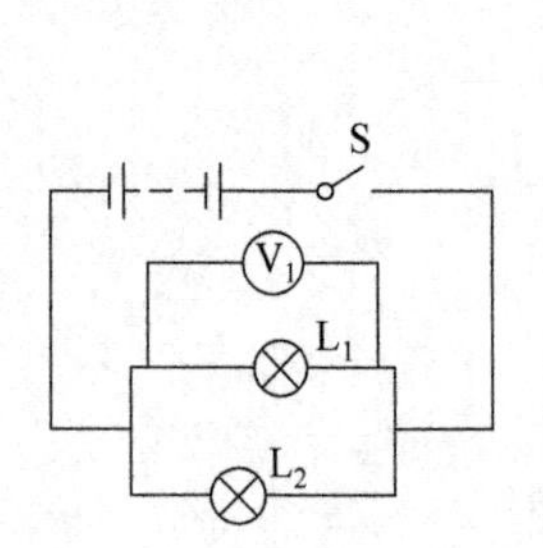

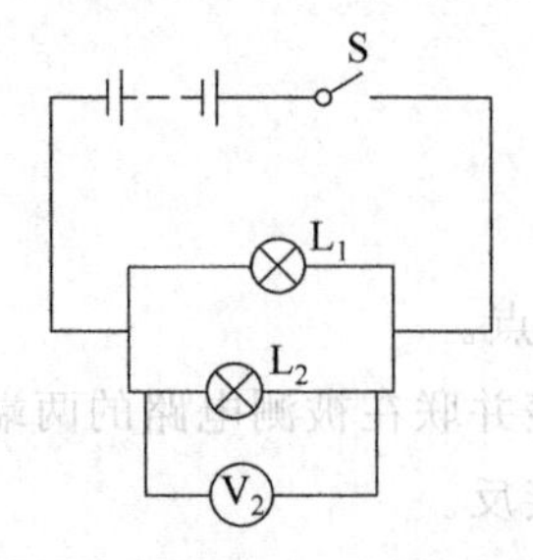

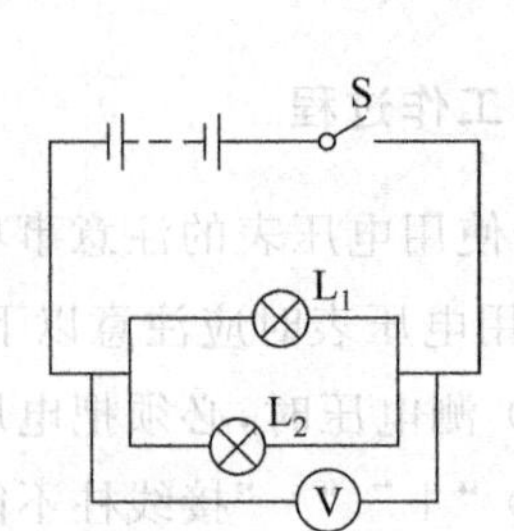

图 2-1-10　电压表并联接线图 2

结论：并联电路各支路两端电压的关系是________。并联电路总电压与各支路电压的关系是________。

3. 检测评价

评分标准如表 2-1-4 所示。

表 2-1-4 电压测量评分标准

序号	项目内容	配分	评 分 标 准	扣分	得分
1	选择测量仪表	20	选择不正确，扣 20 分		
2	选择仪表量程	20	选择不正确，扣 20 分		
3	仪表接线	30	接线不正确，扣 30 分		
4	仪表读数	20	读数不正确，扣 20 分		
5	安全操作	10	违反操作规程，每一项扣 1 分，扣完为止		
时间：1 小时			成绩：		

知识拓展

单片机数字电压表

传统的指针式电压表功能单一、精度低，不能满足数字化时代的需求。采用单片机的数字电压表，其精度高，抗干扰能力强，可扩展性强，集成方便，还可与 PC 实时通信。目前，由各种单片 A/D 转换器构成的数字电压表广泛用于电子及电工测量、工业自动化仪表、自动测试系统等智能化测量领域，显示出强大的生命力。

1. 单片机数字电压表系统原理及基本框图

以一种基于 89S52 单片机的电压测量电路为例，该电路采用 ICL7135 高精度、双积分 A/D 转换电路，测量范围为直流 0～±2000V，使用 LCD 液晶模块显示，可以与 PC 串行通信。

如图 2-1-11 所示，模拟电压经过挡位切换到不同的分压电路衰减后，经隔离干扰送到 A/D 转换器进行 A/D 转换，然后送到单片机中进行数据处理。处理后的数据送到 LCD 中显示，同时通过串行口与上位机通信。

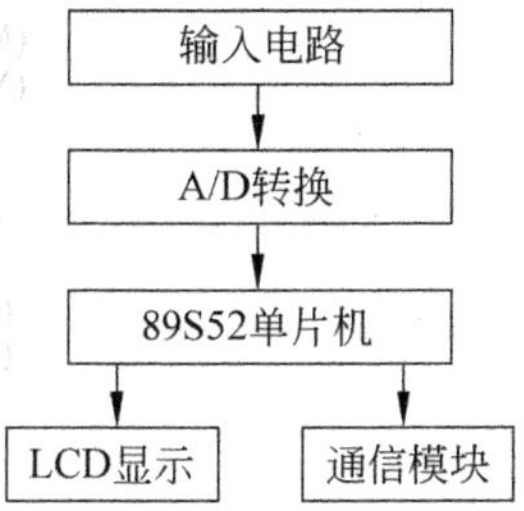

输入电路

A/D转换

89S52单片机

LCD显示　通信模块

图 2-1-11　系统基本方框图

2. 单片机数字电压表的组成

1）输入电路

硬件输入电路主要分为两大部分，即量程切换开关和衰减输入电路，如图 2-1-12 和图 2-1-13 所示。

输入电路的作用是把不同量程的被测电压规范到 A/D 转换器所要求的电压值。智能化数字电压表采用的单片双积分型 ADC 芯片 ICL7135 要求输入电压 0～±2V，本仪表是 0～1000V 电压，灵敏度高，所以不加前置放大器，只需要衰减器。如图 2-1-13 所示，9MΩ、900kΩ、90kΩ 和 10kΩ 电阻构成 1/10、1/100、1/1000 衰减器。衰减输入电路可由开关来选择不同的衰减率，从而切换挡位。为了让 CPU 自动识别挡位，还要有如图 2-1-13 所示的硬件连接。

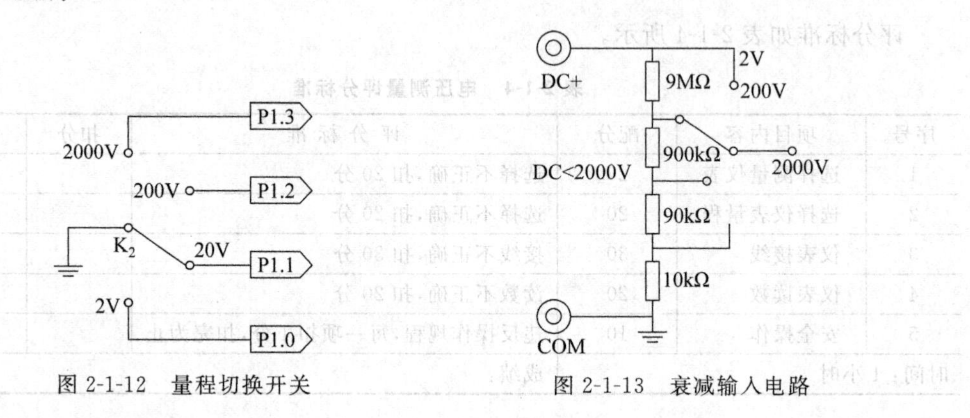

图 2-1-12　量程切换开关　　　　图 2-1-13　衰减输入电路

2）A/D 转换电路

A/D 转换器的转换精度对测量电路极其重要，它的参数关系到测量电路的性能。本设计采用双积分 A/D 转换器，性能比较稳定，转换精度高，具有很强的抗干扰能力，而且电路结构简单；其缺点是工作速度较低。在对转换精度要求较高，对转换速度要求不高的场合，如电压测量，A/D 转换电路有广泛的应用。

3）单片机部分

单片机选用的是 ATMEL 公司新推出的 AT89S52，如图 2-1-14 所示。该芯片具有低功耗、高性能的特点，是采用 CMOS 工艺的 8 位单片机，与 AT89C51 完全兼容。

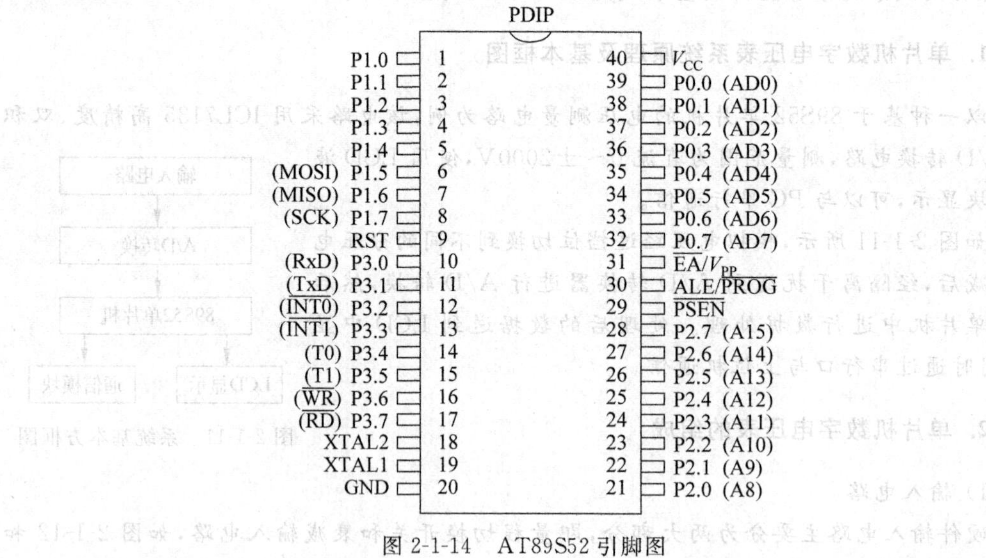

图 2-1-14　AT89S52 引脚图

4）液晶显示部分

显示接口用来显示系统的状态、命令或采集的电压数据。系统显示部分用的是 LCD

液晶模块，采用一个16×1的字符型液晶显示模块。

5）通信模块

89S52内部已集成通信接口URT，只需扩展一片MAX232芯片，将输出信号转换成RS-232协议规定的电平标准。MAX232是一种双组驱动器/接收器，每个接收器将EIA/TIA-232-E电平输入转换为5V TTL/CMOS电平，每个驱动器将TTL/CMOS输入电平转换为EIA/TIA-232-E电平。即EIA接口把5V转换为−8～−15V电位，0V转换为8～15V，再经RxD输出；接收时，由RxD输入，把−8～−15V电位转换为5V，8～15V转换为0V。MAX232的工作电压只需5V，内部有振荡电路产生±9V电位。

思考与练习

1. 用一只满刻度为150格的电压表测量某一负载两端的电压，所选用量程的额定电压为75V，其读数为80格。该负载两端的电压是多少？

2. 使用电压表有哪些注意事项？

3. 常用指针式电压表测量的是电压的什么值（峰—峰值、峰值，还是有效值）？

任务2.2　测量电流

任务分析

电流通常用字母I表示。在国际单位制中，电流的单位是安培，简称安，符号是A。此外，单位还有毫安（mA）、微安（μA），它们之间的换算关系为

$$1\text{mA}=10^{-3}\text{A},\quad 1\mu\text{A}=10^{-6}\text{A}$$

电流表又称安培表，是用来测量交、直流电路中电流的仪表。在电路图中，电流表的符号为Ⓐ。电流值以“安”或“A”为标准单位。

相关知识

1. 电流表的分类

电流表分为直流电流表和交流电流表两大类。

1）直流电流表

直流电流表主要采用磁电系电表的测量机构，一般可直接测量微安或毫安数量级的电流。为测更大的电流，电流表应有并联电阻器（又称分流器）。分流器的电阻值要使满量程电流通过时，电流表满偏转，即电流表指示达到最大。对于几安的电流，可在电流表内设置专用分流器；对于几安以上的电流，采用外附分流器。大电流分流器的电阻值很小，为避免引线电阻和接触电阻附加于分流器引起误差，分流器要制成四端形式，即有两

个电流端和两个电压端。例如，当用外附分流器和毫伏表来测量 200A 大电流时，若采用的毫伏表标准化量程为 45mV(或 75mV)，则分流器的电阻值为 0.045/200=0.000225(Ω)(或 0.075/200=0.000375(Ω))；若利用环形(或称梯级)分流器，可制成多量程电流表。

2) 交流电流表

交流电流表主要采用电磁系电表、电动系电表和整流式电表的测量机构。

电磁系测量机构的最低量程为几十毫安。为提高量程，要按比例减少线圈匝数，并加粗导线。用电动系测量机构构成电流表时，动圈与静圈并联，其最低量程为几十毫安。为提高量程，要减少静圈匝数，并加粗导线，或将两个静圈由串联改为并联，电流表的量程将增大 1 倍。

用整流式电表测交流电流时，仅当交流为正弦波形时，电流表读数才正确。为扩大量程，也可利用分流器。

此外，可以用热电式电表测量机构测量高频电流。在电力系统中使用的大量程交流电流表多是 5A 或 1A 的电磁系电流表，配以适当电流变比的电流互感器。

2. 电流表的选用

电流表和电压表的测量机构基本相同，但在测量线路中的连接有所不同。因此，在选择和使用电流表和电压表时应注意以下几点。

1) 类型的选择

当被测量是直流时，应选直流表，即磁电系测量机构的仪表。当被测量是交流时，应注意其波形与频率。若为正弦波，只需测出有效值，即可换算为其他值(如最大值、平均值等)，采用任意一种交流表即可；若为非正弦波，应区分需测量的是什么值，有效值可选用磁系或铁磁电动系测量机构的仪表，平均值则选用整流系测量机构的仪表。电动系测量机构的仪表常用于交流电流和电压的精密测量。图 2-2-1 所示是几种常用电流表的图片。

(a) 实验室的电流表

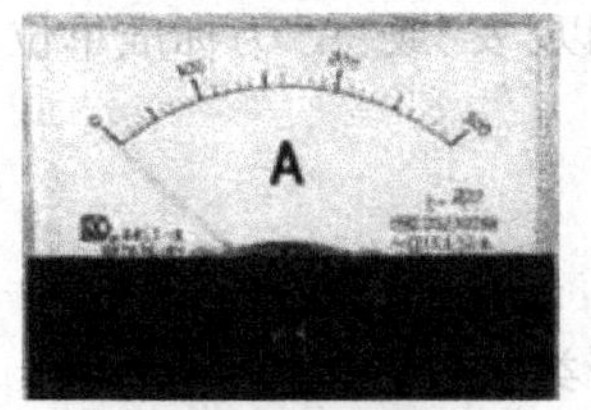

(b) 工业用的电流表

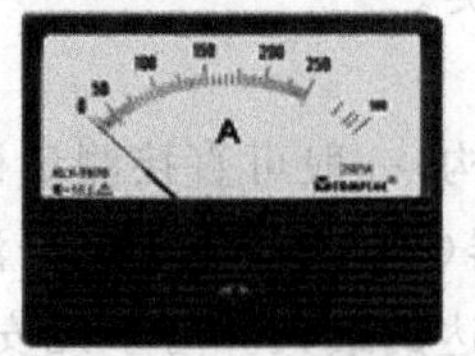

(c) 方形动铁式防爆电流表

(d) 数字电流表

图 2-2-1 常用电流表

2）准确度的选择

因仪表的准确度越高，价格越贵，维修也较困难，而且，若其他条件配合不当，再高准确度等级的仪表也未必能得到准确的测量结果。因此，在选用准确度较低的仪表即可满足测量要求的情况下，不要选用高准确度的仪表。通常将0.1级和0.2级仪表作为标准表选用；0.5级和1.0级仪表作为实验室测量使用；1.5级以下的仪表一般作为工程测量选用。

3）量程的选择

要充分发挥仪表准确度的作用，必须根据被测量的大小，合理选用仪表量限；如选择不当，测量误差将很大。一般应使仪表对被测量的指示大于仪表最大量程的1/2～2/3，但不能超过其最大量程。

4）内阻的选择

选择仪表时，还应根据被测阻抗的大小选择仪表内阻，否则会带来较大的测量误差。因内阻的大小反映仪表本身功率的消耗，所以测量电流时，应选用内阻尽可能小的电流表；测量电压时，应选用内阻尽可能大的电压表。

3. 电流表的原理

电流表是根据通电导体在磁场中受磁场力的作用而制成的。电流表内部有一块永磁体，在极间产生磁场；在磁场中有一个线圈，线圈两端各有一个游丝弹簧，分别连接电流表的接线柱；弹簧与线圈间由一个转轴连接；在转轴相对于电流表的前端，有一个指针。

当有电流通过时，电流沿弹簧、转轴通过磁场，电流切割磁感线，所以受磁场力的作用，线圈发生偏转，带动转轴、指针偏转。由于磁场力的大小随电流增大而增大，可以通过指针的偏转程度来观察电流的大小。这叫磁电式电流表，就是平时实验室里用的那种。

交流电流表在小电流中可以直接使用（一般在5A以下），但现在的工厂电气设备的容量都较大，所以交流电流表大多与电流互感器一起使用。选择电流表前，要算出设备的额定工作电流，再选择合适的电流互感器。例如，设备为一台30kW的电机，额定电流60A左右，需要选择75/5A电流互感器，选择量程为0～75A、75/5A的电流表。

4. 电流表的接线规则（见图2-2-2）

（1）电流表要与用电器串联在电路中（否则短路，烧毁电流表）。

（2）电流要从“＋”接线柱入，从“－”接线柱出（否则指针反转，容易把针打弯）。

（3）被测电流不要超过电流表的量程（可以采用试触的方法看是否超过量程）。

（4）绝对不允许不经过用电器而把电流表连到电源的两极。电流表内阻很小，相当于一根导线。若将电流表连到电源的两极，轻则指针打歪，重则烧坏电流表、电源或导线（注意是：先烧表（电流表），后毁源（电源））。

5. 电流表使用注意事项

（1）正确接线。测量电流时，电流表应与被测电路串联；测量电压时，电压表应与被测电路并联。测量直流电流和电压时，必须注意仪表的极性，应使仪表的极性与被测量的

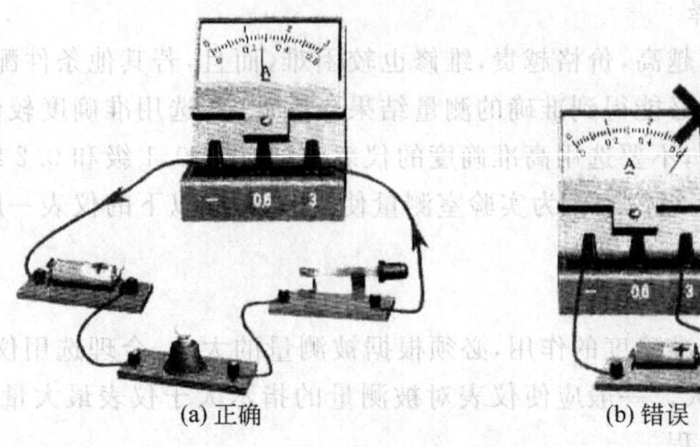

(a) 正确　　(b) 错误

图 2-2-2　电流表的接线规则

极性一致。

(2) 高电压、大电流的测量。测量高电压或大电流时,必须采用电压互感器或电流互感器。电压表和电流表的量程应与互感器二次的额定值相符。一般电压为 100V,电流为 5A。

(3) 量程的扩大。当电路中的被测量超过仪表的量程时,可采用外附分流器或分压器,但应注意其准确度等级与仪表的准确度等级相符。

(4) 仪表的使用环境要符合要求,要远离外磁场。

任务实施

1. 工作准备

直流电流表(J0407 型或 J0407-1 型),小灯座(J2351 型)2 个,小灯泡 2 个,电源(J1202 型或 J1202-1 型)或干电池 2～4 节,单刀开关(J2352 型),导线若干。

2. 工作过程

1) 电流表使用步骤

(1) 校零,用平口改锥调整校零按钮。

(2) 选用量程(用经验估计或采用试触法)。

归结起来有“三看”,分述如下。

① 一看:量程,即电流表的测量范围。

看清电流表的量程,一般在表盘上有标记。确认最小一格表示多少安培。把电流表的正、负接线柱接入电路后,观察指针位置,就可以读数了。还要选择合适量程的电流表。可以先试触一下,若指针摆动不明显,则换小量程的表;若指针摆动大角度,则换大量程的表。一般指针在表盘中间附近,读数比较合适。

② 二看:分度值,即表盘的一小格代表多少。

③ 三看:指针位置,即指针的位置包含了多少个分度值。

2）操作方式

（1）观察电流表的量程和最小分度，并记录在实验记录表中。

（2）检查并调节指针，对准零刻度。

（3）用电流表测量串联电路中的电流强度。

将两个灯座（带灯泡）和单刀开关组成串联电路，接在直流电源上，如图 2-2-3（a）所示。将电流表先后串联在三个不同位置上，分别读出并记录电流表示数 I_a、I_b 和 I_c，然后比较这些数据。

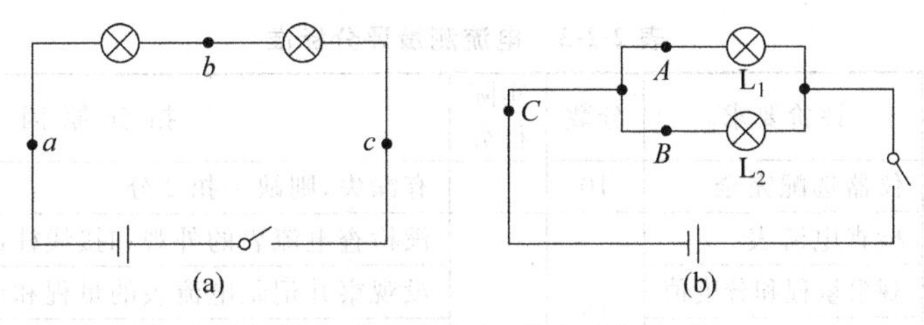

图 2-2-3　电流表串、并联连接电路

（4）用电流表测量并联电路中的电流强度。

将两个带灯泡的灯座组成并联电路，再与单刀开关串联接在直流电源上，如图 2-2-3（b）所示。先用电流表测出流过第一个灯泡的电流 I_A，再测出流过第二个灯泡的电流 I_B，最后测出干路电流 I_C，并比较这些数据。

（5）整理测量器材。

3）实验数据记录

（1）认识电流表。

① 观察实验室使用的电流表的量程有________个，量程分别是________和________。

② 观察电流表的刻度值：对 0～3A 量程来说，每大格表示________，每小格表示________；对 0～0.6A 量程来说，每大格表示________，每小格表示________。

（2）填写测量数据记录表 2-2-1 和表 2-2-2。

表 2-2-1　串联电路测量数据记录表

	I_a/A	I_b/A	I_c/A
第一次测量			
第二次测量			

表 2-2-2　并联电路测量数据记录表

	I_A/A	I_B/A	I_C/A
第一次测量			
第二次测量			

4）操作时注意事项

（1）测量前，应首先估计被测电流的大小，选用适当的量程。若难估计被测电流的大小，应先使用最大的量程试触，若指针示数很小，再改接小量程。

(2) 两个灯泡最好选用不同的规格，这样并联时 I_1 和 I_2 才不相等，以免产生并联支路电流相等的错觉。

(3) 读取电流表读数时，必须等指针稳定在某一刻度时再读取，视线应与刻度盘面垂直，不可斜视，这样读取的数值才准确。

3. 检测评价

评分标准如表 2-2-3 所示。

表 2-2-3 电流测量评分标准

<table>
<tr><th colspan="3">评价项目</th><th>评价要求</th><th>分数</th><th>实际得分</th><th>扣分原因</th></tr>
<tr><td rowspan="7">实验操作</td><td rowspan="4">实验前准备</td><td>仪器</td><td>仪器选配完全</td><td>10</td><td></td><td>有漏失，则缺一扣 2 分</td></tr>
<tr><td rowspan="3">电流表的调节</td><td>检查电流表</td><td rowspan="3">15</td><td></td><td>没检查电流表的外观和接线柱，扣 2 分</td></tr>
<tr><td>观察量程和分度值</td><td></td><td>没观察并记录电流表的量程和最小分度，扣 3 分</td></tr>
<tr><td>调节指针</td><td></td><td>(1) 没有调节动作，扣 5 分
(2) 调节指针，明显没有指到零刻度线，扣 2 分</td></tr>
<tr><td rowspan="2">使用电流表测电流</td><td>测量串联电路的电流</td><td>用电流表测 I_a、I_b 和 I_c</td><td>20</td><td></td><td>(1) 没有此次测量，扣 12 分
(2) 未与小灯泡串联，扣 5 分
(3) 接线柱接反，且未更正，扣 5 分
(4) 闭合开关时未试触，扣 2 分
(5) 读数时，视线明显未与刻度面垂直，扣 2 分</td></tr>
<tr><td>测量并联电路的电流</td><td>用电流表测 I_A、I_B 和 I_C</td><td>20</td><td></td><td>(1) 没有此次测量，扣 12 分
(2) 未与小灯泡串联，扣 5 分
(3) 接线柱接反，且未更正，扣 5 分
(4) 闭合开关时未试触，扣 2 分
(5) 读数时，视线明显未与刻度面垂直，扣 2 分
(6) 未选择、更换量程，扣 5 分</td></tr>
<tr><td colspan="2">实验后</td><td>整理仪器</td><td>2</td><td></td><td>没有整理仪器，扣 2 分</td></tr>
<tr><td rowspan="3">实验报告</td><td colspan="2">实验步骤</td><td>实验步骤完整、合理</td><td>8</td><td></td><td>步骤不完整、不合理，扣 5 分</td></tr>
<tr><td colspan="2">电流表数据</td><td>认识电流表数据正确</td><td>10</td><td></td><td>数据错误，每错一项，扣 3 分</td></tr>
<tr><td colspan="2">设计表格，记录实验数据</td><td>表格完整，数据准确</td><td>15</td><td></td><td>没有表格或表格错误，扣 10 分
每少一个数据，扣 2 分
明显错误数据，每个扣 2 分</td></tr>
<tr><td colspan="4">时间：1 小时</td><td colspan="3">成绩：</td></tr>
</table>

知识拓展

钳形电流表原理及使用

通常用普通电流表测量电流时，需要将电路切断、停机后，才能将电流表接入进行测量。此时，使用钳形电流表方便得多。钳形电流表与普通电流表不同，它可以在不断开电路的情况下测量负荷电流。这是它最大的优点。

1. 钳形电流表的构造与原理

1）互感式钳形电流表的原理

常见的钳形电流表多为互感式，由电流互感器和整流系电流表组成，原理图如图 2-2-4 所示。

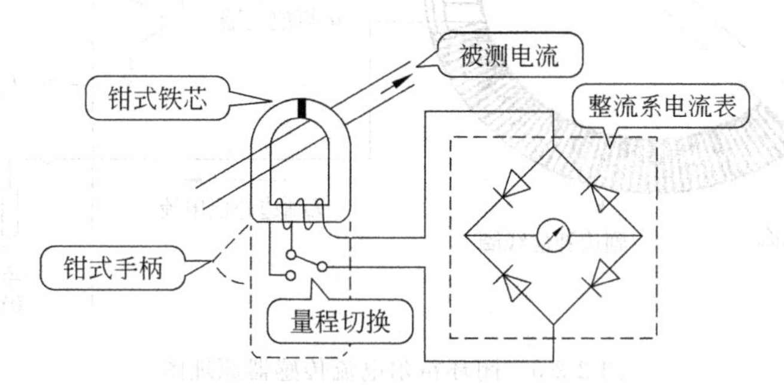

图 2-2-4　互感式钳形电流表原理图

互感式钳形电流表是利用电磁感应原理来测量电流的。

电流互感器的铁芯呈钳口形。当紧握钳形电流表的把手时，其铁芯张开，将被测电流的导线放入钳口中。松开把手后，铁芯闭合，通有被测电流的导线成为电流互感器的原边，在副边产生感生电流，并送入整流系电流表进行测量。

电流表的标度是按原边电流刻度的，所以仪表的读数就是被测导线中的电流值。互感型钳形电流表只能测交流电流。

2）电磁系钳形电流表的原理

电磁系钳形电流表主要由电磁系测量机构组成。

处在铁芯钳口中的导线相当于电磁系测量机构中的线圈。当被测电流通过导线时，在铁芯中产生磁场，使可动铁片磁化，产生电磁推力，带动指针偏转，指示出被测电流的大小。

由于电磁系仪表可动部分的偏转方向与电流极性无关，因此可以交、直两用。由于这种钳形电流表属于电磁系仪表，指针转动力矩与被测电流的平方成正比，所以标度尺刻度是不均匀的，并且容易受到外磁场影响。

3）采用霍尔电流传感器的钳形电流表

针对霍尔传感器的电路形式而言，人们最容易想到的是将霍尔元件的输出电压用运算放大器直接放大信号，得到所需要的信号电压，由此电压值来标定原边被测电流大小。这种形式的霍尔传感器通常称为开环霍尔电流传感器。

开环霍尔传感器的优点是电路形式简单、成本相对较低；缺点是精度、线性度较差，响应时间较慢，温度漂移较大。为了克服开环传感器的不足，20 世纪 80 年代末期，国外出现了闭环霍尔电流传感器。

磁平衡式（闭环）电流传感器（CSM 系列）的原理图如图 2-2-5 所示。

磁平衡式电流传感器也称补偿式传感器，即原边电流 I_p 在聚磁环处产生的磁场通过一个次级线圈电流产生的磁场进行补偿，其补偿电流 I_s 精确地反映原边电流 I_p，从而使霍尔器件处于检测零磁通的工作状态。

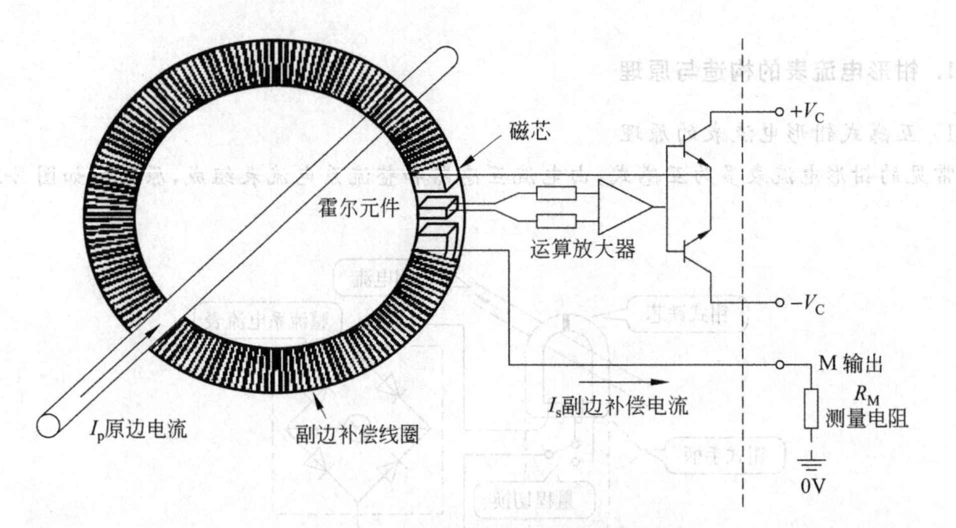

图 2-2-5 闭环霍尔电流传感器原理图

具体工作过程为：当主回路有电流通过时，在导线上产生的磁场被磁环聚集并感应到霍尔器件上，所产生的信号输出用于驱动功率管并使其导通，从而获得补偿电流 I_s。这一电流通过多匝绕组产生磁场。该磁场与被测电流产生的磁场正好相反，补偿了原来的磁场，使霍尔器件的输出逐渐减小。当与 I_p 和匝数相乘产生的磁场相等时，I_s 不再增加，这时的霍尔器件起到指示零磁通的作用。当原、副边补偿电流产生的磁场在磁芯中达到平衡时，有

$$N \times I_p = n \times I_s$$

式中：N 为原边线圈的匝数；I_p 为原边电流；n 为副边线圈的匝数；I_s 为副边补偿电流。

由此看出，当已知传感器的原边和副边线圈匝数时，通过在 M 点测量副边补偿电流 I_s 的大小，可以推算出原边电流 I_p 的值，实现原边电流的隔离测量。

当平衡受到破坏，即 I_p 变化时，霍尔器件有信号输出，重复上述过程，重新达到平衡。被测电流的任何变化都会破坏这一平衡。一旦磁场失去平衡，霍尔器件就有信号输出。经功率放大后，立即就有相应的电流流过次级绕组，对失衡的磁场进行补偿。从磁场失衡到再次平衡，所需的时间理论上不到 1μs，这是一个动态平衡的过程。因此从宏观上看，次级的补偿电流安匝数在任何时间都与初级被测电流的安匝数相等。

这种钳形电流表测量方式无测量插入损耗，线性度好，可测量直流电流、交流电流及脉冲电流，且原边电流与副边输出信号高度隔离，不引入干扰。

2. 钳形电流表的用途、选用和用前检查

(1) 用途：钳形电流表可以在不中断负载运行的条件下测量低压线路上的交流电流。

(2) 选用：钳形电流表的精度及最大量程应满足测试的需要。

(3) 用前检查：包括外观检查及调整。

① 外观检查：各部位应完好无损；钳把操作应灵活；钳口铁芯应无锈，闭合应严密；铁芯绝缘护套应完好；指针应能自由摆动；挡位变换应灵活，手感应明显。

② 调整：将表平放，指针应指在零位，否则调至零位。

3. 钳形电流表的测量

(1) 选择适当的挡位。选挡的原则如下:

① 已知被测电流范围时,选用大于被测值但与之最接近的那一挡;

② 不知被测电流范围时,可先置于电流最高挡试测(或根据导线截面,估算其安全载流量,适当选挡),根据试测情况决定是否需要降挡测量。总之,应使表针的偏转角度尽可能大。

(2) 测试人应戴手套,将表平端,张开钳口,使被测导线进入钳口后闭合钳口。正确的操作如图 2-2-6 所示,步骤如下所述。

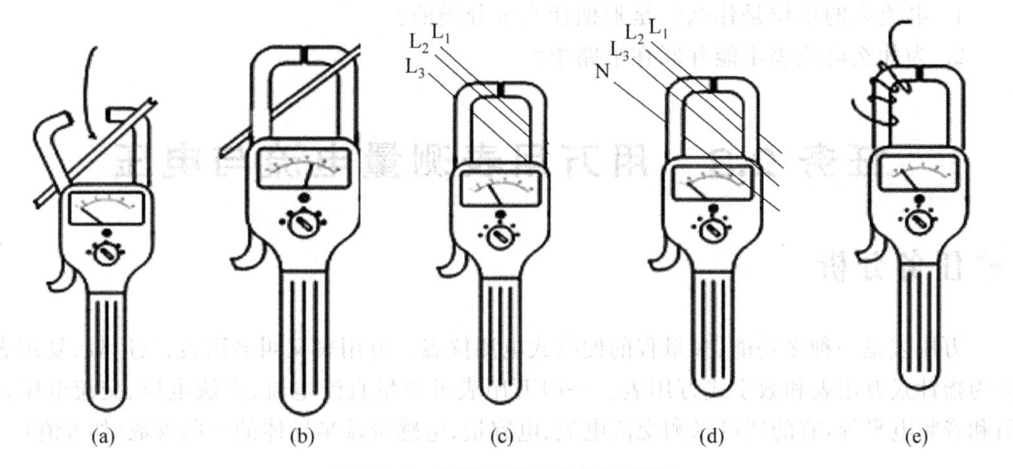

图 2-2-6　钳形电流表操作示意图

① 测试人应戴手套,将表平端,张开钳口。

② 使被测导线进入钳口后,再闭合钳口。

③ 同时钳入两条导线,则指示的电流值是第三条导线上的电流。

④ 若是在三相四线系统中,同时钳入三条相线测量,则指示的电流值应是工作零线上的电流数。

⑤ 如果导线上的电流太小,即使置于最小电流挡测量,表针偏转角仍很小(这样读数不准确),可以将导线在钳臂上盘绕数匝(如图 2-2-6(e)所示为 4 匝)后测量,将读数除以匝数,即是被测导线的实测电流数。

(3) 读数:根据所使用的挡位,在相应的刻度线上读取读数(注意,挡位值即满偏值)。

(4) 如果在最低挡位上测量,表针的偏转角度仍很小(表针的偏转角度小,意味着其测量的相对误差大),允许将导线在钳口铁芯上缠绕几匝,闭合钳口后读取读数。这时,导线上的电流值=读数÷匝数(匝数的计算:钳口内侧有几条线,就算作几匝)。

4. 测量中应注意的安全问题

(1) 测量前充分检查电流表,并正确地选挡。

(2) 测试时应戴手套(绝缘手套或清洁干燥的线手套),必要时应设监护人。

(3) 需换挡测量时,应先将导线自钳口内退出,换挡后再钳入导线测量。

(4) 不可测量裸导体上的电流。

(5) 测量时,注意与附近带电体保持安全距离,并应注意不要造成相间短路和相对地短路。

(6) 使用后,应将挡位置于电流最高挡;有表套时,将其放入表套,存放在干燥、无尘、无腐蚀性气体且不受震动的场所。

思考与练习

1. 电流表的单位是什么?是根据什么来分类的?
2. 为什么电流表不能并联在电路中?

任务 2.3 用万用表测量电流与电压

任务分析

万用表是一种多功能、多量程的便携式电测仪表。万用表又叫多用表、三用表、复用表,分为指针式万用表和数字式万用表。一般万用表可测量直流电流、直流电压、交流电压、电阻和音频电平等,有的还可以测交流电流、电容量、电感量及半导体的一些参数(如 β 值)。

相关知识

1. 万用表的分类

万用表分为指针式和数字式。指针式万用表是由磁电式测量机构作为核心,用指针来显示被测量数值;数字式万用表是由数字电压表作为核心,配以不同转换器,用液晶显示器显示被测量数值。

2. 万用表的面板结构

万用表的型号较多,不同型号的面板结构不完全相同,但基本结构部件是相同的,一般是由表头、测量线路和功能与量程选择开关组成。

图 2-3-1 所示为 MF-47 型指针式万用表面板结构。万用表的面板一般包括表盘(显示面板)、表头指针、机械调零旋钮、量程转换开关、零欧姆调整旋钮和各种功能的插孔。图 2-3-2 所示为 DT-9205B 系列数字万用表面板结构。

3. 万用表的工作原理

万用表的基本原理是利用一只灵敏的磁电式直流电流表(微安表)做表头。当微小电流通过表头时,就会有电流指示。但表头不能通过大电流,所以,必须在表头上并联与串联一些电阻进行分流或降压,从而测出电路中的电流、电压和电阻值。

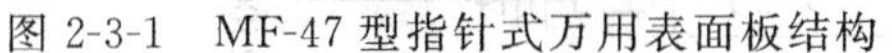
图 2-3-1　MF-47 型指针式万用表面板结构

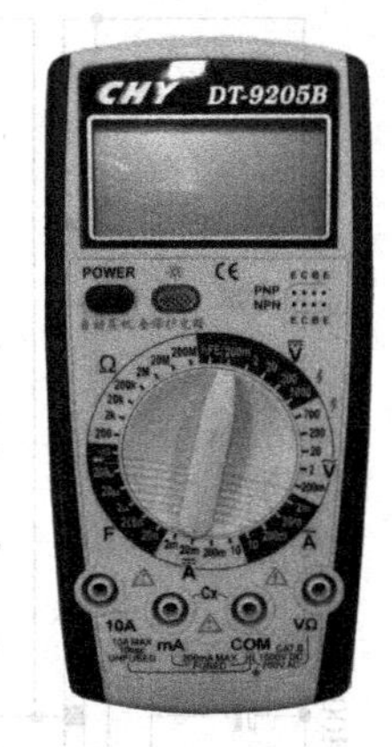

图 2-3-2　DT-9205B 系列数字万用表面板结构

1）测直流电流原理

如图 2-3-3(a)所示，在表头上并联一个适当的电阻(叫做分流电阻)进行分流，可以扩展电流量程。改变分流电阻的阻值，就能改变电流测量范围。

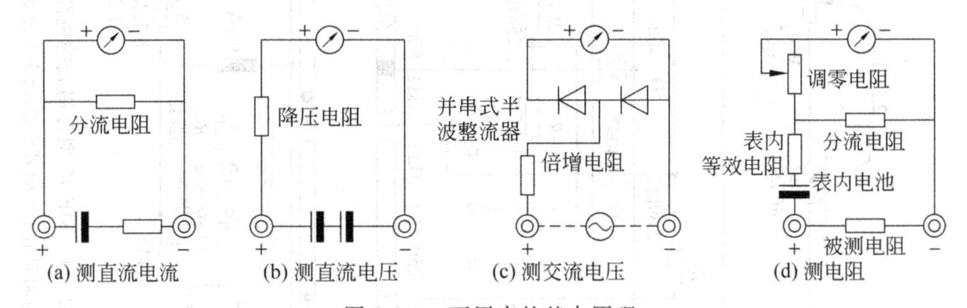

图 2-3-3　万用表的基本原理

2）测直流电压原理

如图 2-3-3(b)所示，在表头上串联一个适当的电阻(叫做倍增电阻)进行降压，可以扩展电压量程。改变倍增电阻的阻值，就能改变电压的测量范围。

3）测交流电压原理

如图 2-3-3(c)所示，因为表头是直流表，所以测量交流时，需加装一个并串式半波整流电路，将交流电整流变成直流电后再通过表头，根据直流电的大小来测量交流电压。扩展交流电压量程的方法与直流电压相似。

4）测电阻原理

如图 2-3-3(d)所示，在表头上并联和串联适当的电阻，同时串联一节电池，使电流通过被测电阻，根据电流的大小，可测量出电阻值。改变分流电阻的阻值，就能改变电阻的测量量程。

4. 万用表的电路图

图 2-3-4 所示是 MF-47 型万用表的电路图。

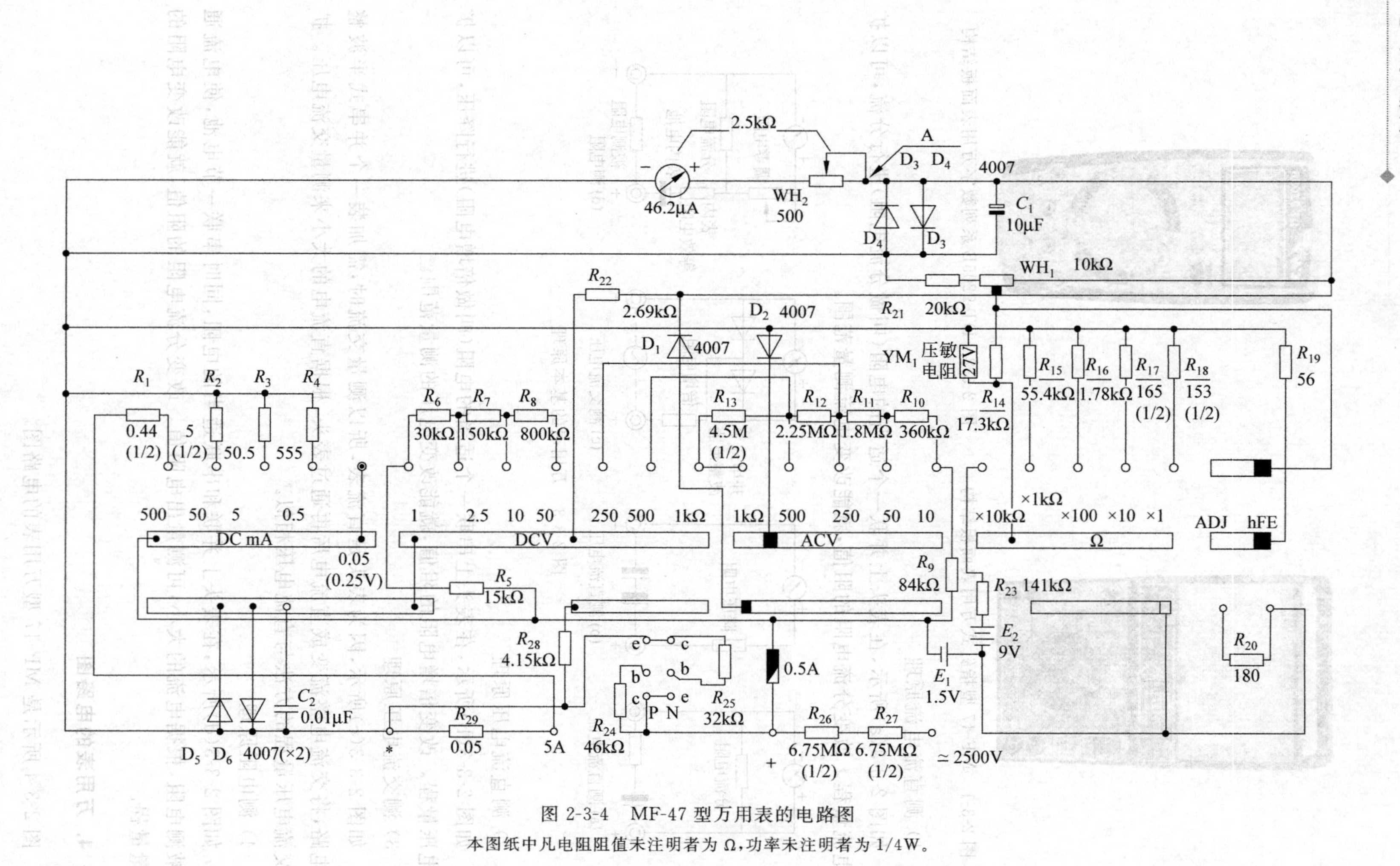

图 2-3-4　MF-47 型万用表的电路图

本图纸中凡电阻阻值未注明者为 Ω，功率未注明者为 1/4W。

5. 万用表的使用

1）指针式万用表的使用

① 测量前，需检查转换开关和表笔是否拨在和插在所测挡的位置上，不得放错。

② 测量直流电流、电压时要注意万用表的极性，以免发生指针反偏，损伤仪表。

③ 测量电阻前，应先进行“欧姆调零”，被测电路应先断开电源，不得测量“带电的电阻”。

④ 对未知的被测量，应先用最高量程测量，再根据指针的指示位置将开关拨到合适的量程上进行测量。

⑤ 在测量电流或电压时，不得带电转动开关，以免损坏万用表。

⑥ 操作人员的身体不得接触万用表的金属裸露部分，以免出现测量误差及触电事故。

⑦ 测量完毕，应将转换开关转到交流电压最高挡或空挡上，防止下次使用失误，造成万用表损坏。

2）数字式万用表的使用

① 将电源开关置于 ON 状态，显示器应有数字或符号显示。若显示器出现低电压符号[-+]，应立即更换内置的 9V 电池。

② 表笔插孔旁的⚠符号表示测量时输入电流、电压不得超过量程规定值，否则将损坏内部测量线路。

③ 测量前，旋转开关应置于所需量程。测量交、直流电压，交、直流电流时，若不知被测数值的高低，可将转换开关置于最大量程挡，在测量中按需要逐步下降。

④ 显示器只显示 1，表示量程选择偏小，转换开关应置于更高量程处。

⑤ 在高压线路上测量电流、电压时，应注意人身安全。当转换开关置于“Ω”、“⊳|”范围时，不得引入电压。

任务实施

1. 工作准备

指针式、数字式万用表各 1 块，干电池 1 只，蓄电池 1 只，交、直流电源（电压源、电流源）各 1 处，电动机 1 台。

2. 工作过程

1）指针式、数字式万用表转换开关的使用和读数

(1) 直流电压测量。

按图 2-3-5 所示电路连接成串、并联网络，a、b 两端接在调直稳压电源的输出端上，输出电压酌情确定。用模拟式、数字式万用表分别测量串、并联网络中两点间的直流电压，将测量数据填入表 2-3-1。

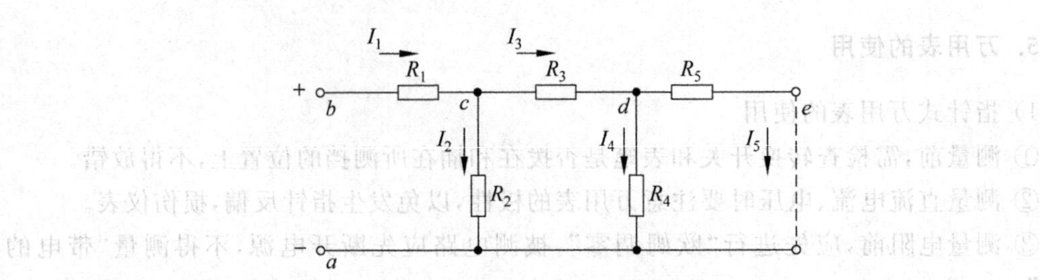

图 2-3-5　串、并联电路

表 2-3-1　直流电压测量记录表

电压测量	U_{ab}		U_{ac}		U_{ad}		U_{bc}		U_{ca}	
使用仪表	模拟	数字	模拟	数字	模拟	数字	模拟	数字	模拟	数字
仪表量程										
读数值/V										
两块仪表测量差值										

(2) 直流电流测量。

在串、并联电阻网络各支路中逐次串入模拟式、数字式万用表，分别测量各支路的直流电流，将测量数据填入表 2-3-2。

表 2-3-2　直流电流测量记录表

电流测量	I_1		I_2		I_3		I_4		I_5	
使用仪表	模拟	数字	模拟	数字	模拟	数字	模拟	数字	模拟	数字
仪表量程										
读数值/mA										
两块仪表测量差值										

(3) 交流电压测量。

测量前，先在实训室总电源处接一个调压器，由实训指导教师调节测量电压，改变工作台上插座盒的交流电压，供测量使用。用模拟式、数字式万用表分别测量，并将测量数据填入表 2-3-3。

表 2-3-3　交流电压测量记录表

测量次数	第 1 次		第 2 次		第 3 次		第 4 次		第 5 次	
使用仪表	模拟	数字	模拟	数字	模拟	数字	模拟	数字	模拟	数字
仪表量程										
读数值/V										
两块仪表测量差值										

2) 实验注意事项

(1) 测量时，万用表的极性不能接错。

(2) 当选择不同量程时，读数不同。

(3) 万用表不能在测量时转换挡位。

(4) 在记录数据时,及时把万用表和测量电路断开。

(5) 在连接电路时,养成用红色导线连接电源正极,黑线连接电源负极的习惯。

(6) 在连接电路时,断开电源。连接好电路后,要检查电路是否无误,才能通电测量。

3. 检测评价

评分标准如表 2-3-4 所示。

表 2-3-4　万用表读数评分标准

项目内容	配分	评 分 标 准	扣分	得分
万用表读数	25	(1) 读数 3 项及以上不正确,扣 25 分 (2) 读数 2 项不正确,扣 10 分 (3) 读数 1 项不正确,扣 5 分		
万用表量程选择	25	(1) 步骤不正确,扣 25 分 (2) 量程选择不正确,扣 15 分		
万用表挡位切换	25	(1) 步骤不正确,扣 25 分 (2) 挡位选择不正确,扣 15 分		
万用表电池安装	10	安装错误,扣 10 分		
安全生产	10	违反安全生产规程,扣 10 分		
文明生产	5	违反文明生产规程,扣 5 分		
时间:1 小时		成绩:		

电参数综合测量仪

电参数综合测量仪主要用来测定相关仪器仪表的电力参数,如电压、电流、电功率等。电参数综合测量仪主要包括数字电力参数测量仪、单相电力参数测量仪以及三相电力参数测量仪等。其中,数字电力参数测量仪采用表面贴装技术,体积更小,质量更稳定,有丰富的接口功能及测量功能,能满足实验室工频产品检测要求。

1. 电参数综合测量仪工作过程

8705B、8715B、8706B、8716B、8713、8716C、8716D、8710 数字电参数测量仪是一种利用数字采样技术对信号进行分析、处理的智能型仪表,其工作过程如下所述。

(1) 将被测信号转化成适当幅值的电信号。

(2) 以远大于被测信号的频率将此信号分割成离散信号。

(3) 利用高速 A/D 转换器将离散信号转换成数字量。

(4) 利用微处理器对采集到的数字量进行计算。

(5) 将最终计算的结果以数字的形式显示出来。

2. 电参数综合测量仪的优点

与传统指针式仪表相比，数字式电参数测量仪具有以下优点。

(1) 所测信号数值为真有效值。

(2) 直接数字显示，可以减小人为的读数误差。

(3) 对于波形失真的信号同样适用。

(4) 用一台仪器可以测量多个参数。

(5) 易于实现智能化，可以与打印机、计算机连接。

数字电参数测量仪广泛应用于家用电器、电机、照明设备等产品的测试以及计量部门，测量 45～65Hz 交流工频信号。

3. 电参数综合测量仪表型号与功能

电参数综合测量仪表型号与功能如表 2-3-5 所示，用户可以根据具体情况选择性价比最高的型号。

表 2-3-5 电参数综合测量仪表型号与功能对照表

仪表型号	量 程	电压、电流功率、频率	功率因数	参数设置	报警功能	打印功能	电能累计	时间	备 注
8705B	300V 20A	√							
8715B	300V 20A	√	√						
8706B	300V 20A	√		√	√	√			
8716B	300V 20A	√	√	√	√	√			
8713	300V 2.5A	√	√	√	√	√			小电流测量
8716C	300V 20A	√	√	√	√	√			交、直流两用
8716D	300V 20A	√	√						宽频，可测 45Hz～1kHz
8710	300V 20A	√	√	√	√	√	√	√	便携式，可扩展电流钳

注：① 所有仪表均可以扩展串行口(RS-232 或 RS-485)与其他设备通信。

② 订货时，应该对测试对象及特殊的技术要求、使用要求进行特别说明。

4. 仪器的存储、保养与维护

(1) 仪器应小心轻放，不得摔掷。

(2) 如仪器长期不用，应每三个月通电工作两小时。

(3) 仪器的存储条件为：

① 温度：0～40℃。

② 湿度：<90% RH。

③ 仓库内应保持干燥，无酸碱，易燃、易爆等化学物质和其他腐蚀性气体。

5. 使用注意事项及故障排除方法

1) 仪器使用注意事项

(1) 仪器外壳必须接地良好。

(2) 仪器应在推荐的工作条件下使用。

(3) 不要超过仪器的测量极限使用。

(4) 在负载端接线时,应关掉负载的供电电源。

2) 仪器故障及排除方法

(1) 仪表开机时无显示,电源指示灯不亮。

请检查仪表电源是否接通,电源电压是否正常,保险丝是否熔断。

(2) 测量数据出现明显偏差或功率出现负值。

请检查仪表接线端子的接线是否正确,注意电压和电流的同相端。

(3) 更换保险丝的方法如图 2-3-6 所示。

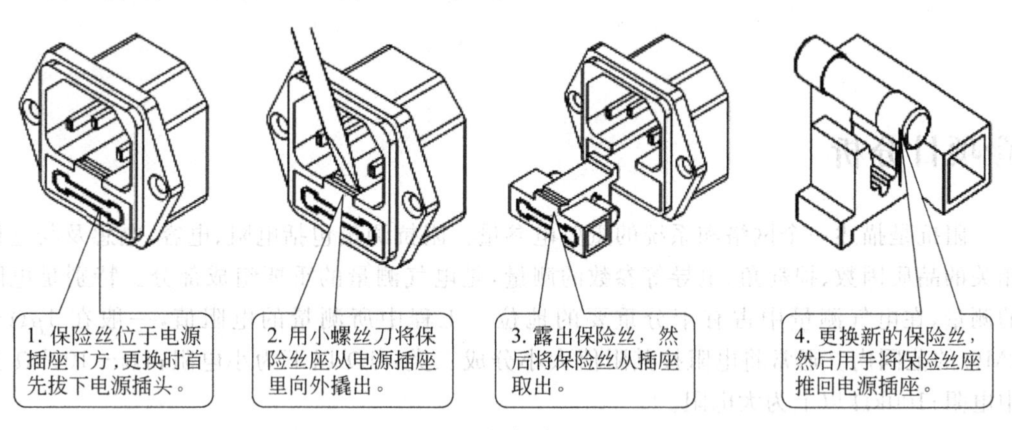

1. 保险丝位于电源插座下方,更换时首先拔下电源插头。
2. 用小螺丝刀将保险丝座从电源插座里向外撬出。
3. 露出保险丝,然后将保险丝从插座取出。
4. 更换新的保险丝,然后用手将保险丝座推回电源插座。

图 2-3-6 更换保险丝的方法

思考与练习

1. 万用表能测量哪些电学量?

2. 万用表的电压挡、电流挡在刻度盘上都有对应的刻度线。当选择万用表不同的挡位及量程时,如何确定待测量的数值?

项目 3

电阻值的测量

项目分析

阻抗是描述一个网络和系统的重要电参量。阻抗测量包括电阻、电容、电感及与它们相关的品质因数、损耗角、电导等参数的测量，是电气测量的重要组成部分。特别是电阻的测量，在电气测量中占有十分重要的地位。工程中所测量的电阻值，一般在 1μΩ～1MΩ 的范围内。通常将电阻按其阻值大小分成三类：1Ω 以下为小电阻；1Ω～100kΩ 为中电阻；100kΩ 以上为大电阻。

任务 3.1　用单臂电桥测量电阻值

任务分析

电桥是一种测量电参数的比较仪器，在电工测量中的应用极为广泛。在本次任务中，一是通过观察，熟悉直流单臂电桥的结构并理解其工作原理；二是根据要求，对直流单臂电桥进行正确接线；三是在测量过程中，正确选择直流单臂电桥的比例臂，并对其正确读数。

图 3-1-1 和图 3-1-2 所示为模拟式和数字式直流单臂电桥。

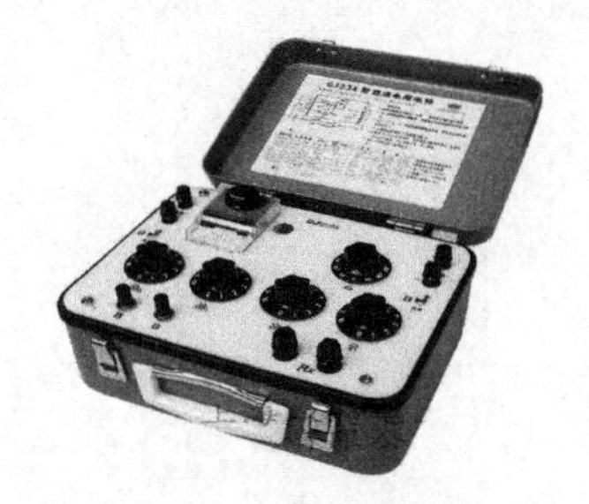

图 3-1-1　模拟式直流单臂电桥

图 3-1-2　数字式直流单臂电桥

相关知识

直流单臂电桥是一种测量中电阻的精密测量仪器，测量值一般可以精确到4位有效数字，测量范围为$1\sim10^5\Omega$。

1. 直流单臂电桥的结构和原理

直流单臂电桥又称惠斯登电桥，其原理如图3-1-3所示，R_x、R_2、R_3、R_4分别组成电桥的四个臂。其中，R_x是被测臂，R_2、R_3构成比例臂，R_4叫做比较臂。

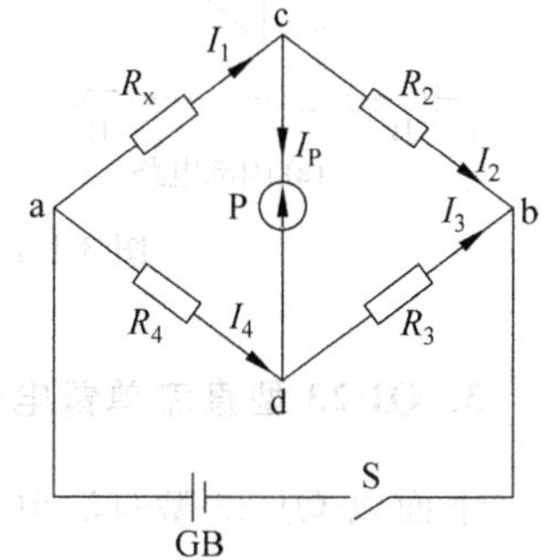

图 3-1-3　直流单臂电桥原理

当接通按钮开关S后，调节标准电阻R_2、R_3、R_4，使检流计P的指示值为零，即$I_P=0$，这种状态叫做电桥的平衡状态。

电桥平衡时，$I_P=0$，表明电桥两端c、d的电位相等，故有$U_{ac}=U_{ad}$，$U_{cb}=U_{db}$，即$I_1R_x=I_4R_4$，$I_2R_2=I_3R_3$。

由于电桥平衡时，$I_P=0$，则有$I_1=I_2$，$I_3=I_4$，代入以上两式，并将两式相除，可得

$$\frac{R_x}{R_2}=\frac{R_4}{R_3}$$

即

$$R_2R_4=R_xR_3 \tag{3-1}$$

$$R_x=\frac{R_2}{R_3}R_4 \tag{3-2}$$

式(3-1)称为电桥的平衡条件。它说明，电桥相对臂电阻的乘积相等时，电桥处于平衡状态，检流计中的电流$I_P=0$。式(3-2)表示：电桥平衡时，被测电阻R_x=比例臂倍率×比例臂读数。

很显然，提高电桥准确度的条件是：标准电阻R_2、R_3和R_4的准确度要高，检流计的灵敏度也要高，以确保电桥真正处于平衡状态。

2. QJ-23型直流单臂电桥介绍

QJ-23型直流单臂电桥的电路图及面板图如图3-1-4所示。它的比例臂$\frac{R_2}{R_3}$由8个标准电阻组成，共分为7挡，由转换开关C换接。比例臂的读数盘设在面板左上方。比较臂R_4由4个可调标准电阻组成，分别由面板上的4个读数盘控制，可得到$0\sim9999\Omega$范围内的任意电阻值，最小步值为1Ω。

面板上标有“R_x”的两个端钮用来连接被测电阻。当使用外接电源时，可从面板左上角标有“B”的两个端钮接入。如需使用外附检流计时，应用连接片将内附检流计短路，再将外附检流计接在面板左下角标有“外接”的两个端钮上。

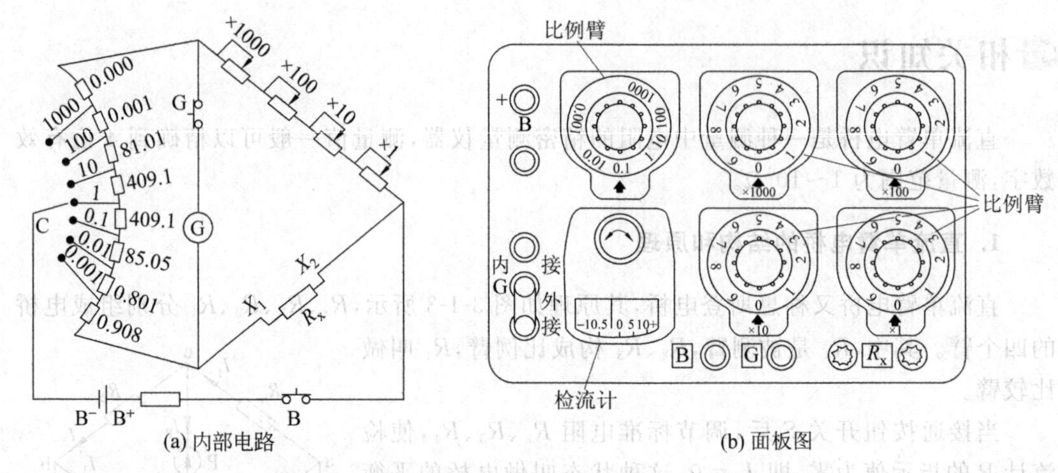

图 3-1-4 QJ-23 型直流单臂电桥内部电路图与面板图

3. QJ-23 型直流单臂电桥的使用

下面以 QJ-23 型直流单臂电桥为例，说明直流单臂电桥的使用。QJ-23 型直流单臂电桥的面板图如图 3-1-4(b)所示。

(1) 使用前，先将检流计的锁扣打开(由内到外)，调节调零器，使指针指在零位。

(2) 把被测电阻接在“R_x”的位置上。要求用较粗、较短的连接导线，并将接线端的氧化膜刮净，接头拧紧，避免使用线夹。这是因为接头接触不良将使电桥的平衡不稳定，严重时可能损坏检流计。

(3) 估计被测电阻的大小，选择适当的比例臂，使比较臂的四挡电阻都能被充分利用，且比较臂的第一盘(×1000)上的读数不为“0”，才能保证测量的准确度。例如，被测电阻 R_x 约为几欧时，应选用 $R\times0.001$ 的比例臂。这样，当电桥平衡时，若比较臂读数为“5331”，则 $R_1=0.001\times5331=5.331(\Omega)$。此时如果比例臂选择在 $R\times1$ 挡，则电桥平衡时，$R_x=1\times5=5(\Omega)$。显然，比例臂选择不正确会产生很大的测量误差，从而失去电桥精确测量的意义。

同理，被测电阻为几十欧时，比例臂应选 $R\times0.01$ 挡。其余以此类推。

(4) 当测量电感线圈(如电机或变压器绕组)的直流电阻时，应先按下电源按钮 B，再按下检流计按钮 G；测量完毕，应先松开检流计按钮 G，再松开电源按钮 B，以免被测线圈产生的自感电动势损坏检流计。

(5) 将被测电阻 R_x 接入标有“R_x”的两个端钮，先按下电源按钮 B，再按检流计按钮 G。若检流计指针摆向“+”端，需增大比较臂电阻；若指针摆向“−”端，需减小比较臂电阻。反复调节，直到指针指到零位为止，被测电阻 R_x＝比例臂倍率×比较臂读数。

(6) 电桥使用完毕，应先断开 G 钮，再断开 B 钮切断电源，然后拆除被测电阻，最后将检流计锁扣锁上，以防搬动过程中振坏检流计。对于没有锁扣的检流计，应将按钮 G 断开，它的常闭触点会自动将检流计短路，使可动部分受到保护。

(7) 发现电池电压不足时，应及时更换，否则将影响电桥的灵敏度。当采用外接电源时,必须注意电源的极性。将电源的正、负极分别接到“＋”、“－”端钮,且不要使外接电源电压超过电桥说明书上的规定值,否则有可能烧坏桥臂电阻。

任务实施

1. 工作准备

准备 QJ-23 型单臂电桥 1 块,MF-47 万用表 1 块,导线若干及电阻 5 个。

2. 任务步骤

1）连线

任意找出一个电阻,用两段导线引出后按图 3-1-5 所示接线。同时,打开检流计锁扣,使检流计处于接通状态。

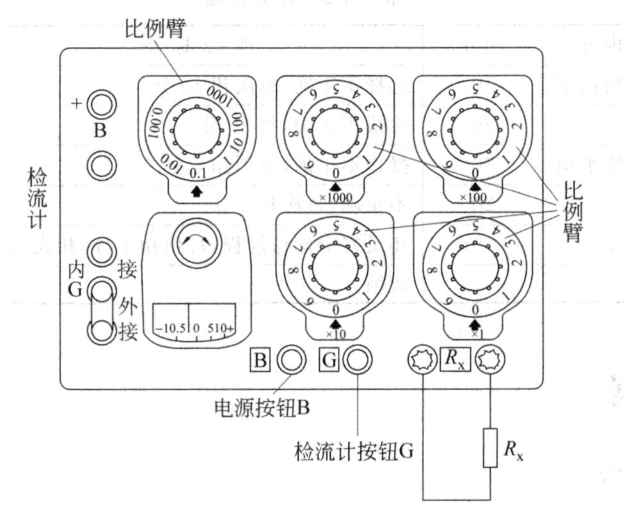

图 3-1-5　QJ-23 直流单臂电桥测电阻的接线方式

2）调零和选挡

转换检流计连接片,利用检流计的机械调零旋钮调零。先用万用表粗测被测电阻,再根据测量值选择合适的比例臂挡位。

3）测量

测量时先按下电源按钮 B,再按下检流计按钮 G。若检流计指针摆向“＋”端,需增大比较臂电阻;若指针摆向“－”端,需减小比较臂电阻。反复调节,直到指针指到零位为止。读出比较臂的电阻值,再乘以比例臂倍率,求出被测电阻阻值,将结果填入表 3-1-1。

表 3-1-1　测量电阻值

被测电阻	比例臂倍率	比较臂电阻	电阻值
R_1			
R_2			

续表

被测电阻	比例臂倍率	比较臂电阻	电阻值
R_3			
R_4			
R_4			

4）注意事项

测量完毕，应先松开检流计按钮 G，再松开电源按钮 B，以免被测线圈产生的自感电动势损坏检流计。

3. 检测评价

评分标准如表 3-1-2 所示。

表 3-1-2 评分标准

序号	项目内容	配分	评分标准	扣分	得分
1	选择电桥倍率	20	选择不正确，每次扣 10 分		
2	接线	20	接线不正确，扣 20 分		
3	调节电桥平衡	30	操作不正确，每项扣 5 分		
4	读数	20	不正确，每次扣 2 分		
5	安全操作	10	违反安全操作规程，每项扣 1 分，扣完为止		
时间：1 小时			成绩：		

知识拓展

1. 电桥测量法

电桥测量法是常用的测量电阻的方法之一。它采用比较法测电阻，即在平衡条件下，将待测电阻与标准电阻进行比较，以便确定其阻值。电气测量中的仪用电桥分为直流电桥和万用电桥两类。直流电桥又分为单臂电桥和双臂电桥，前者称为惠斯登电桥，主要用于精确测量中电阻；后者称为凯尔文电桥，适用于测量小电阻。万用电桥可以测量电阻、电容、电感、频率、温度、压力等许多物理量。电桥测量法具有测试灵敏、精确、方便等特点，被广泛应用在工业生产、自动控制和自动化仪器中。

2. 数字直流单臂电桥介绍

QJ-83A 数字式直流单臂电桥外形如图 3-1-6 所示，共有 0～20MΩ 7 挡量程。它是以电桥线路为基础，用精密合金绕线电阻作为基准电阻的数字电桥，具有与数字万用表同样简便、快速、醒目的特点，还保持了惠斯登电桥准确、稳定、可靠的优点。它使用方便，不需要调零，测试快捷，适用于各类直流电阻的精密测量，优于同等级直流电阻电桥外接检流计才能达到的准确度；只要接上被测电阻并选好量程，测试过程不再用手工操作；采样

图 3-1-6 QJ-83A 数字式直流单臂电桥外形图

时间为 0.4s,一般在数秒内即可显示稳定数据;采用 200mm 大数显示,字迹清晰,一目了然。

便携式数字直流单臂电桥基本参数与 QJ-83 型相同。

思考与练习

1. 简述直流单臂电桥的使用过程。
2. 用 QJ-23 型单臂电桥测量阻值为 250Ω 左右的电阻时,比较臂如何选择?为什么?

任务 3.2 用双臂电桥测量电阻值

任务分析

利用直流双臂电桥测小电阻时,必须根据被测电阻的大小、性质正确接线,合理选择倍率,并且准确读数。要熟练、规范、安全地使用电桥,才能达到精确测量的目的。

图 3-2-1 和图 3-2-2 所示为模拟式和数字式直流双臂电桥。本任务利用 QJ-42 型直流双臂电桥测量金属棒的小电阻。

相关知识

1. 直流双臂电桥的结构与原理

当被测电阻较小(1Ω 以下)时,测量电路中的接线电阻和各接线端钮的接触电阻的影响不能忽略。凯尔文电桥的设计克服了附加电阻对结果的影响,能够测量 10^{-5}～100Ω 的低值电阻。

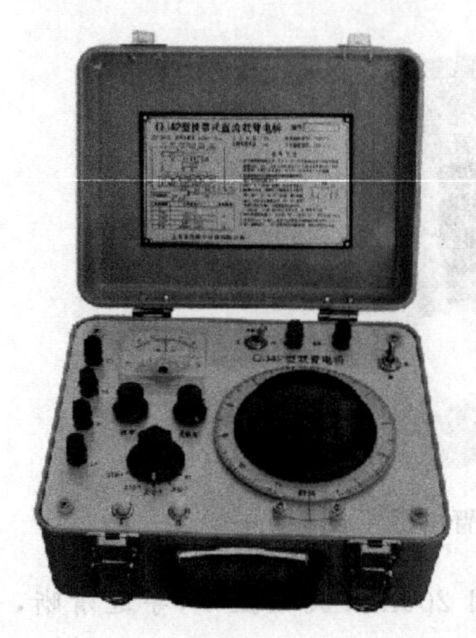

图 3-2-1 QJ-42 型模拟式直流双臂电桥

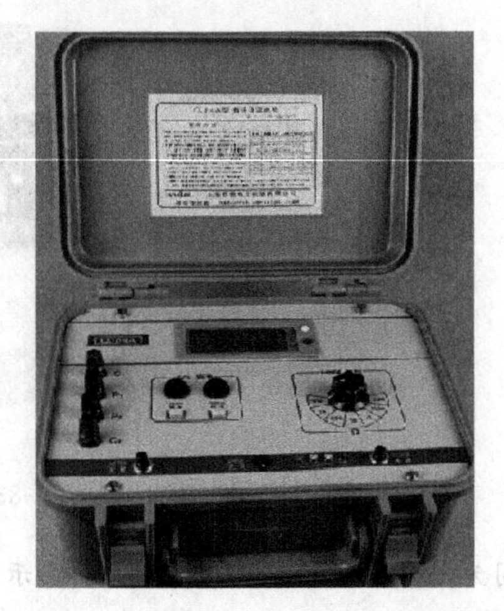

图 3-2-2 QJ-42 型数字式直流双臂电桥

直流双臂电桥原理图如图 3-2-3 所示。在使用电桥时，调节电阻 R_1、R_2、R_3、R_4 和 R_b 的值，使检流计中没有电流通过（$I_g=0$），则 F 和 C 两点的电位相等。于是通过 R_1、R_2 的电流均为 I_1，通过 R_3、R_4 的电流均为 I_2，通过 R_x、R_b 的电流均为 I_3，通过 r 的电流为 I_3-I_2。

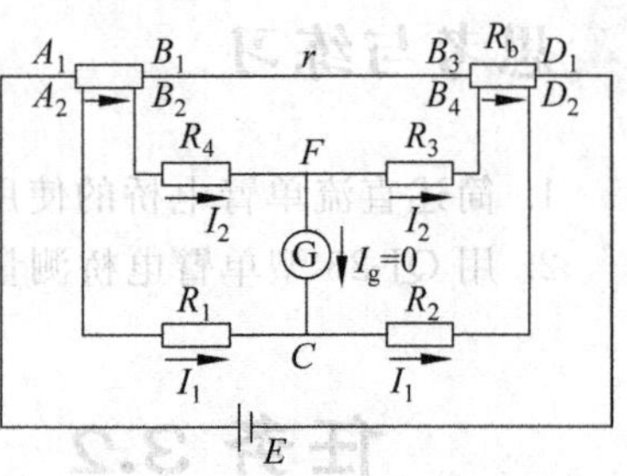

图 3-2-3 直流双臂电桥原理图

依据欧姆定律，得到下列方程：

$$I_2R_3+I_3R_x=I_1R_1$$

$$I_2R_4+I_3R_b=I_1R_2$$

$$I_2(R_3+R_4)=(I_3-I_2)r$$

解此方程，得

$$R_x=\frac{R_1}{R_2}R_b+\frac{R_4r}{R_3+R_4+r}\left(\frac{R_1}{R_2}-\frac{R_3}{R_4}\right)$$

适当选择四个桥臂电阻，使得 $\frac{R_1}{R_2}=\frac{R_3}{R_4}$，则

$$R_x=\frac{R_1}{R_2}R_b$$

或

$$\frac{R_x}{R_b}=\frac{R_1}{R_2}=\frac{R_3}{R_4}$$

从上面的推导看出，被测电阻 R_x 只取决于比例臂电阻 R_1、R_2 的比值和比较臂标准电阻 R_b 的阻值，与 r、R_3 和 R_4 无关。正因为这样，它可以用来测量小电阻。

2. QJ-42 型携带式直流双臂电桥介绍

QJ-42 型携带式直流双臂电桥面板如图 3-2-4 所示。

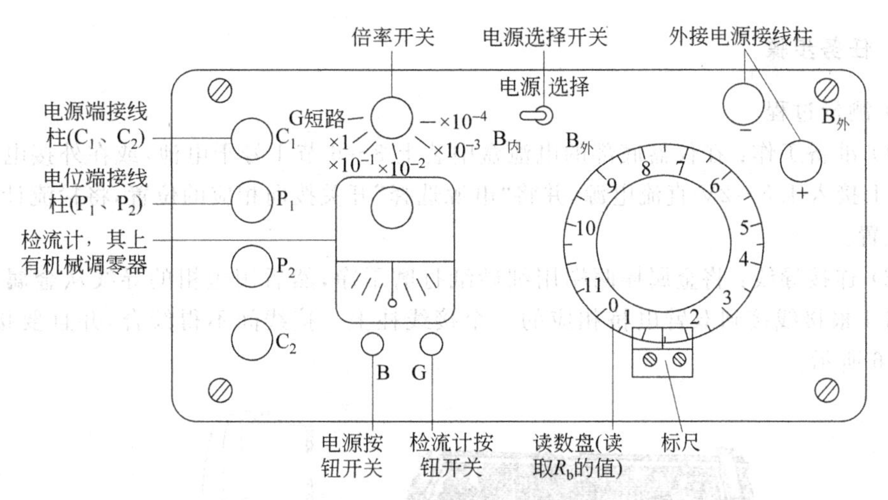

图 3-2-4 QJ-42 型携带式直流双臂电桥面板图

3. 使用方法

(1) 在仪器底部的电池盒中装上 3～6 节 1 号干电池，或在外接电源接线柱“$B_{外}$”上接入电压为 1.5～2V、容量大于 10A·h 的直流电源，并将“电源选择”开关拨向相应的位置。

(2) 将检流计指针调到“0”位置。

(3) 将被测电阻 R_x 的 4 端接到双臂电桥相应的 4 个接线柱上。被测电阻有电流端钮(C_1、C_2)和电位端钮(P_1、P_2)时，要与电桥上相应的端钮相连接。注意，电位端钮总是在电流端钮的内侧，且两个电位端钮之间的电阻就是被测电阻。如果被测电阻没有电流端钮和电位端钮，应自行引出电流和电位端钮。

(4) 估计被测电阻值，将倍率开关旋到相应的位置。

(5) 当测量电阻时，应先按 B 按钮，后按 G 按钮，并调节读数盘 R_b，使电流计重新回到 0 位。断开时，应先放 G 按钮，后放 B 按钮。

注意：一般情况下，B 按钮应间歇使用，此时电桥已平衡，被测电阻 $R_x = K$(倍率开关的示值)$\times R_b$(读数盘的示值)。

(6) 使用完毕，应把倍率开关旋到“G 短路”位置上。

(7) 图 3-2-5 所示为测量金属棒电阻的示意图。注意，应尽量用短粗的导线接线，接线间不得绞合，并且要接牢。

任务实施

1. 准备设备和仪器

QJ-42 型携带式直流双臂电桥 1 台，0.0001～1Ω 待测金属棒(铜或铝)1 根，固定金属棒的支架 1 台，导线若干。

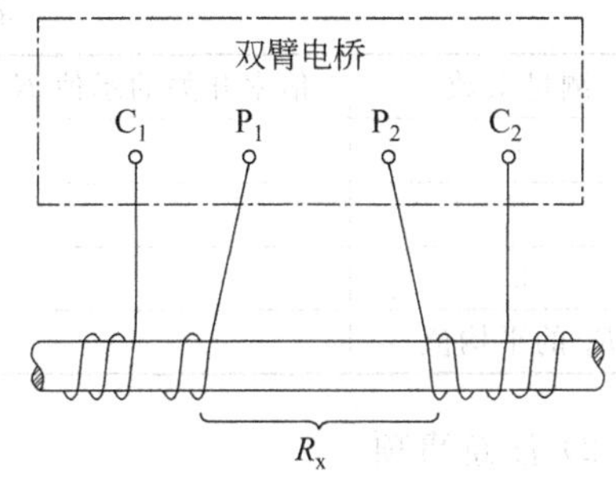

图 3-2-5 直流双臂电桥测电阻的接线方式

2. 任务步骤

1）测量过程

（1）准备工作：在仪器底部的电池盒中装上3～6节1号干电池，或在外接电源接线柱$B_{外}$上接入1.5～2V直流电源，并将“电源选择”开关拨向相应的位置，将检流计指针调到0位置。

（2）连接导线：将金属棒两端用细砂纸打磨干净，然后用短粗的导线从金属棒的两端引出4根接线接到双臂电桥相应的4个接线柱上。接线间不得绞合，并且要接牢，如图3-2-6所示。

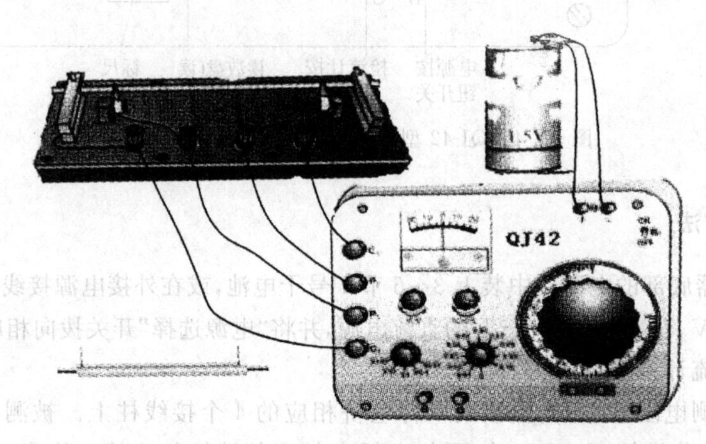

图3-2-6 QJ-42型直流双臂电桥测金属棒电阻的接线图

（3）闭合电源开关，然后将检流计开关G调至接通位置，等待5min后调零。

（4）调整检流计灵敏度旋钮，并选择合适的倍率调整检流计灵敏度。将灵敏度调至最低，根据估测值选择合适的倍率。

（5）测量电阻：先按下B按钮，依据指针偏转情况调节读数盘，使检流计指针指在零位上；指针指零稳定后，读取数值；先松开G按钮，再松开B按钮，结束测量。

（6）读数：读取数值倍率开关的示值和读数盘的示值，则被测金属棒的电阻为

$$R_x = K(\text{倍率开关的示值}) \times R_b(\text{读数盘的示值})$$

将测量和计算结果填入表3-2-1。

表3-2-1 数据记录

测量次数	倍率开关的示值K	读数盘的示值R_b	金属棒电阻R_x	备注
1				
2				
3				
R_x的平均值				

2）注意事项

（1）按照操作步骤接好线路，检查无误后方可通电实验。

(2) 在实验过程中，使用仪器时要轻拿轻放。

3. 检测评价

评分标准如表 3-2-2 所示。

表 3-2-2　评分标准

序号	项目内容	配分	评 分 标 准	扣分	得分
1	选择电桥倍率	20	选择不正确，每次扣 10 分		
2	接线	20	选择不正确，扣 20 分		
3	调节电桥平衡	30	操作不正确，每项扣 5 分		
4	读数	20	不正确，每次扣 2 分		
5	安全操作	10	违反安全操作规程，每项扣 1 分，扣完为止		
时间：1 小时			成绩：		

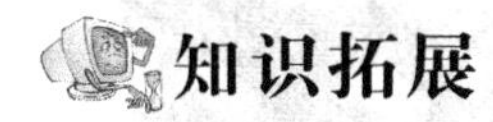

知识拓展

常用直流电桥的技术特性

使用直流电桥测量电阻时可以获得很高的准确度，其原因是它将被测电阻与已知的标准电阻直接比较。目前生产的电桥多做成单、双臂两用的，这种电桥的测量范围很大，携带方便，应用广泛。常用直流电桥的技术特性如表 3-2-3 所示。

表 3-2-3　常用直流电桥的技术特性

型　号	名　　称	测量范围/Ω	准确度等级
QJ-17	单、双两用电桥	$10^{-6}\sim10^{6}$	0.02
QJ-19	单、双两用电桥	$10^{-5}\sim10^{6}$	0.05
QJ-23	携带式直流单电桥	1～999900	0.2
QJ-26	携带式直流双电桥	0.0001～11	1.0
QJ-28	携带式直流双电桥	$10^{-5}\sim11.05$	0.5
QJ-32	直流单、双电桥	$10^{-5}\sim10^{6}$	0.005
QJ-36	直流单、双电桥	$10^{-6}\sim10^{6}$	0.02
QJ-44	携带式直流双电桥	$10^{-5}\sim11$	0.2
QJ-49	携带式直流单电桥	1～1.11110MΩ	0.05
QJ-103	直流双电桥	$10^{-4}\sim11$	2

思考与练习

1. 与直流单臂电桥相比，直流双臂电桥有什么特点？
2. 如何消除直流双臂电桥接触电阻与接线电阻的影响？

任务 3.3 用兆欧表测量绝缘电阻

任务分析

电气设备绝缘性能的好坏，直接关系到设备的运行和操作人员的人身安全。为了对绝缘材料因发热、受潮、老化、腐蚀等原因造成的损坏进行监测，或检查修复后电气设备的绝缘电阻是否达到规定的要求，需要经常测量电气设备的绝缘电阻。由于多数电气设备要求其绝缘材料在高压（几百伏至万伏左右）情况下满足规定的绝缘性能，因此电气设备的绝缘电阻必须用一种本身具有高压电源的仪表进行测量。这种仪表就是兆欧表。本次任务主要是用 ZC-7 型兆欧表测量电气设备的绝缘电阻。

ZC-7 型兆欧表外形如图 3-3-1 所示。

图 3-3-1 ZC-7 型兆欧表

相关知识

1. 兆欧表的结构和工作原理

1）结构

兆欧表的基本结构是一台手摇发电机和一只磁电系比率表。

手摇发电机（直流或交流与整流电路配合的装置）的容量很小，而输出电压很高。兆欧表就是根据发电机能发出的最高电压来分类的，电压越高，能测量的绝缘电阻阻值越大。磁电系比率表是一种特殊形式的磁电系测量机构，它的形式有几种，但基本结构和工作原理是一样的。与电动系比率表的结构相似，磁电系比率表也有两个动圈，没有产生反作用力矩的游丝。动圈的电流是通过导丝引入的。两个动圈之间成一个角度 α，连同指针固定于同一个转轴上。此外，动圈内是开有一个缺口的圆柱形铁芯，所以磁路系统空气隙内的磁场是不均匀的。

磁电系比率表的基本结构如图 3-3-2 所示。测量时，两个动圈中的电流相反。

2）工作原理

（1）磁电系比率表：由于两个动圈中的电流方向相反，所以若其中一个电流 I_1 产生转动力矩，另一个电流 I_2 将产生反作用力矩。当两个力矩平衡时，指针将停留在某一位置上，相应的偏转角为 α。与电动系比率表有类似的结果，这一偏转角 α 将由两个动圈电流之比决定，即

$$\alpha = F\left(\frac{I_1}{I_2}\right) \tag{3-3}$$

与测量电路中的电源电压无关。

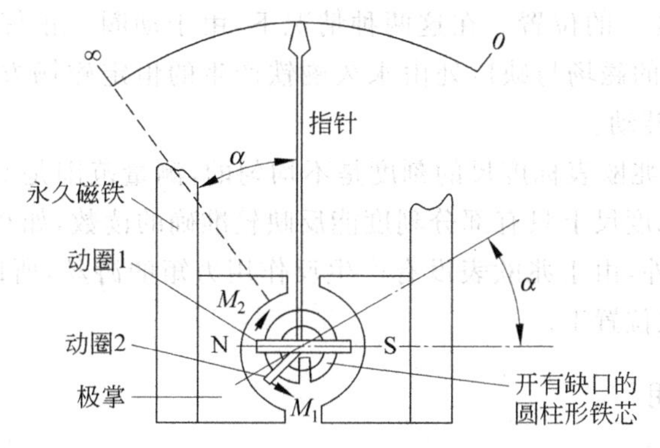

图 3-3-2 磁电系比率表的基本结构

(2) 兆欧表：兆欧表的测量线路如图 3-3-3 所示。图中，虚线框内表示兆欧表的内部电路，被测绝缘电阻 R_x 接于兆欧表“线路”和“地线”端钮之间。此外，在“线路”端钮的外圈上有一个铜质圆环(图中的虚线圆)，叫做保护环，又叫屏蔽接线端钮，它直接与发电机负极相接。

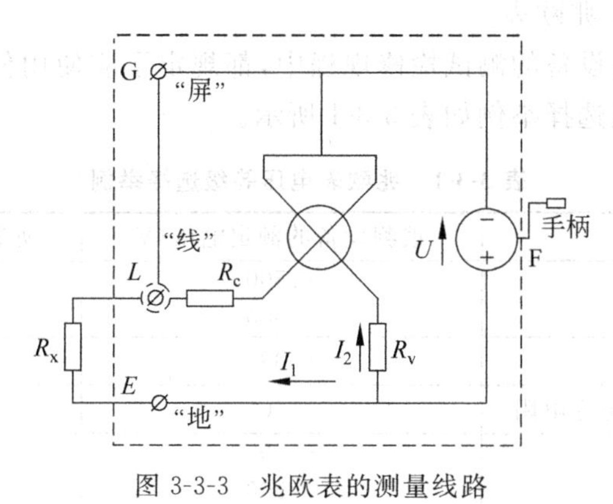

图 3-3-3 兆欧表的测量线路

由图中可以看出，动圈 1、内附电阻 R_c 与被测电阻 R_x 串联；动圈 2 和内附电阻 R_v 串联，它们都连接到手摇发电机 F 的两端，承受相同的电压 U。此时有

$$I_1=\frac{U}{R_1+R_c+R_x}$$

和

$$I_2=\frac{U}{R_2+R_v}$$

以上两式中的 R_1 和 R_2 是动圈 1 和动圈 2 的电阻。将这两式代入式(3-3)，得

$$\alpha=F\left(\frac{I_1}{I_2}\right)=F\left(\frac{R_2+R_v}{R_1+R_c+R_x}\right) \tag{3-4}$$

式(3-4)说明，当兆欧表结构一定时，R_1、R_2、R_c 和 R_v 均为定值，兆欧表可动部分的偏转角 α 与被测电阻 R_x 有关。

当被测电阻 R_x 为零时，I_1 最大，指针向右偏转到最大位置，即指针指 0；当被测电阻非常大，如外部断开时，I_1 为零，此时转动力矩也为零，在 I_2 产生的反作用力矩的作用下，指针向左偏转到刻度∞的位置。在这两种情况下，由于动圈 2 正好转到铁芯缺口处（见图 3-3-2），由 I_2 产生的磁场与缺口处由永久磁铁产生的恒定磁场方向一致，不再产生反作用力矩，线圈停止转动。

由式(3-4)可知，兆欧表标度尺的刻度是不均匀的，测量范围是 0～∞，但实际上这是不可能的。兆欧表标度尺上只有部分刻度能反映较准确的读数，如 0～50MΩ、0～100MΩ 或 0～1000MΩ。另外，由于兆欧表没有产生反作用力矩的游丝，所以使用前其指针可以停留在标度尺的任意位置上。

2. 兆欧表的选用

应根据测量要求选择兆欧表的额定电压值和测量范围。对于电压高的电气设备，必须使用额定电压高和测量范围大的兆欧表进行测量。这是因为对于电压高的电气设备，对绝缘电阻值要求大一些。例如，瓷瓶的绝缘电阻一般在 10000MΩ 以上，测试时至少要用 2500V 以上的兆欧表。而对于低电压的电力设备，其内部绝缘所能承受的电压不高，为了设备安全，应选用额定电压较低的兆欧表。如测量额定电压不足 500V 的线圈的绝缘电阻时，应选用 500V 兆欧表。

通常在电器和电力设备的测试检修规程中，都规定了应使用何种额定电压等级的兆欧表。兆欧表电压等级选择举例如表 3-3-1 所示。

表 3-3-1 兆欧表电压等级选择举例

测 试 对 象	被测设备的额定电压/V	所选兆欧表的额定电压/V
线圈的绝缘电阻	＜500 ＞500	500 1000
发电机线圈的绝缘电阻	＜380	1000
电机电力变压器线圈的绝缘电阻	＞500	1000～2500
电气设备绝缘	＜500 ＞500	500～1000 2500
瓷瓶		2500～5000
母线、刀闸		2500～5000

选择兆欧表时，注意不要使测量范围超出被测绝缘电阻阻值过大，否则读数将产生较大误差。另外，有些兆欧表的标尺不是从零开始，而是从 1MΩ 或 2MΩ 开始的。这种兆欧表不适宜测量处于潮湿环境中低压电气设备的绝缘电阻，因为此时电气设备的绝缘电阻可能小于 1MΩ，从兆欧表上得不到读数，容易误认为绝缘电阻为零。

3. 兆欧表的使用维护方法

(1) 兆欧表必须在被测电气设备不带电的情况下用于测量。即测量前必须将被测电气设备的电源切断，并对被测设备接地短路放电，以排除断电后其电感及电容带电的可能性。另外，测量前必须对被测设备进行清洁处理，防止灰尘、油泥等对测量结果产生影响。

(2) 测试前，应将兆欧表放置在平稳的地方，需要水平调节的兆欧表应调整好表本身的水平位置，避免摇动发电机手柄时因表身晃动而影响读数。测试前，还应检查兆欧表。

先将 L 和 E 两个端钮开路，再摇动手柄，使发电机转速达到额定值，此时指针应在∞处；然后，把 L 和 E 两个端钮短接，再缓慢摇动手柄，指针应指在 0 刻度处。若在上述检查中，指针不能指向∞或 0 刻度，说明该表有故障，检修后才能使用。

(3) 测量照明及动力线路对地绝缘电阻时，按照图 3-3-4 所示接线，将兆欧表的接线柱 E 可靠接地，接线柱 L 与被测线路连接。

按顺时针方向由慢到快摇动兆欧表的发电机手柄，维持在 120r/min 的额定转速，大约 1min 时间，待兆欧表指针稳定后读数。这时，兆欧表指示的数值就是被测线路的对地绝缘电阻值。

(4) 测量电缆绝缘电阻时，按照图 3-3-5 所示接线。将兆欧表接线柱 E 接电缆外壳，接线柱 G 接在电缆铁芯与外壳之间的绝缘层上，接线柱 L 接电缆线芯，然后摇动兆欧表的手柄并读数。测量结果是电缆铁芯与外壳的绝缘电阻值。

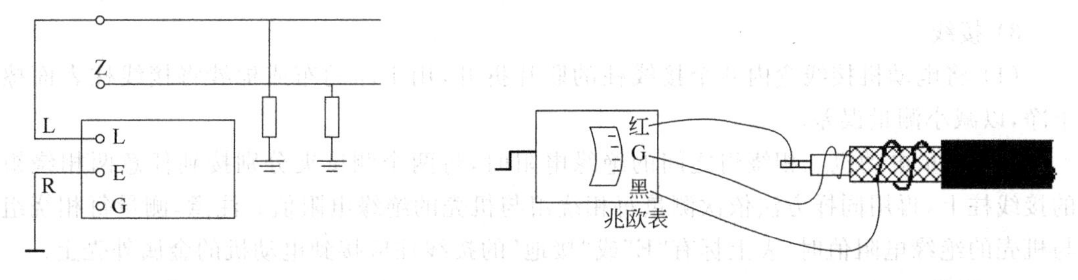

图 3-3-4　照明及动力线路对地绝缘电阻测量接线图

图 3-3-5　电缆绝缘电阻测量接线图

(5) 测量电动机绝缘电阻时，断开电动机接线盒内的接线，将兆欧表的两个接线柱 E 和 L 分别接电动机的两相绕组，然后摇动兆欧表的发电机手柄并读数。采用此接法测量出的是电动机绕组的相间绝缘电阻。

将接线柱 E 接电动机机壳，接线柱 L 接电动机绕组，然后摇动兆欧表的手柄并读数。此接法测量出的是电动机对地绝缘电阻。

任务实施

1. 准备设备和器材

ZC-7 型兆欧表 1 台，Y-112M-4 型三相异步电动机 1 台，连接导线若干。

2. 兆欧表的选用

绝缘电阻与电动机的运行条件和环境有关，也与制造采用的材料、结构和工艺有关。通过分析绝缘电阻，可以诊断绝缘受污染、受潮和绝缘老化的程度。绝缘电阻降低到一定程度，会影响电机的启动和正常运行，甚至会损坏电机、危及人身安全。测量电动机的绝缘电阻时，兆欧表的规格应根据被测电机的额定电压值并按表 3-3-2 所示来选用。

表 3-3-2 兆欧表的规格选用参数

绕组额定电压/V	＜36	36～500	500～3000	＞3000
兆欧表规格/V	250	500	1000	2500

1）兆欧表的检查

兆欧表使用前要先检查其是否完好。

2）测试前的准备

（1）测试前，必须将电动机的电源切断，并接地短路 2～3min，绝不允许用兆欧表测量带电设备（包括电源切断了，但未接地放电）的绝缘电阻。

（2）对有可能感应出高电压的设备，在未消除感应高压之前，不得测量。例如，测量线圈的绝缘电阻时，应将该线圈所有端钮用导线短路连接后再测量。测量完毕，应及时放电。

3）接线

（1）将电动机接线盒内 6 个接线柱的联片拆开，用干净的布或棉纱将接线柱表面擦干净，以减小测量误差。

（2）测量电动机三相绕组之间的绝缘电阻时，将两个测试夹分别接到任意两相绕组的接线柱上，再用同样方法依次测量每相绕组与机壳的绝缘电阻值。注意，测量每相绕组与机壳的绝缘电阻值时，表上标有“E”或“接地”的接线柱应接到电动机的金属外壳上。

4）测量

平放兆欧表，摇动手柄时应由慢渐快至额定转速 120r/min。摇动手柄，同时观察表盘，在此过程中，若发现指针指零，说明被测对象发生短路，应立即停止摇动手柄，避免表内线圈因发热而损坏。以 120r/min 匀速摇动兆欧表 1min 后，读取表针稳定时的指示值。最后将测量数据填入表 3-3-3。

表 3-3-3 数据记录

项　目	绕组间绝缘电阻阻值/Ω	项　目	绕组对地绝缘电阻阻值/Ω
A—B 绕组间		A 绕组对地	
B—C 绕组间		B 绕组对地	
C—A 绕组间		C 绕组对地	

3. 检测评价

评分标准如表 3-3-4 所示。

表 3-3-4 评分标准

序号	项目内容	配分	评分标准	扣分	得分
1	兆欧表的选用及调零	30	选择不正确，每次扣 20 分 不调零，扣 10 分		
2	接线	25	接线不正确，扣 20 分		
3	操作过程	15	操作不正确，每项扣 5 分		

续表

序号	项目内容	配分	评分标准	扣分	得分
4	读数和记录	20	不正确，每次扣2分		
5	安全操作	10	违反安全操作规程，每项扣1分，扣完为止		
时间：1小时			成绩：		

知识拓展

数字兆欧表具有容量大、抗干扰强、指针与数字同步显示、交直流两用、操作简单、自动计算各种绝缘指标(吸收比、极化指数)、各种测量结果具有防掉电功能等特点，如图3-3-6所示。

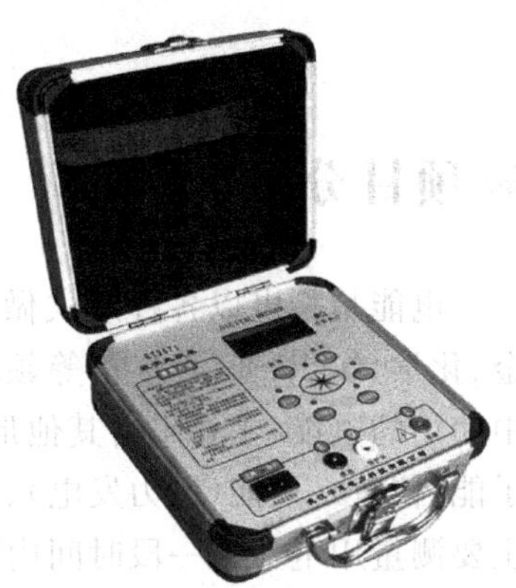

图3-3-6 数字兆欧表

数字兆欧表在工作时，自身产生高电压，而测量对象是电气设备，所以必须正确使用，否则会造成人身或设备事故。使用前，要做好以下各种准备。

(1) 测量前检测仪表是否正常。

① 开机检查显示，正常显示OL。

② 看挡位是否可以正常转换(一般都有挡位选择，即电压选择)。

③ 按下测试键，检查有无相应电压输出。用一台普通万用表选择直流电压最高挡位，然后将表笔插入兆欧表输出端，再按下兆欧表测试键，观测万用表上有无相应电压值的显示。

(2) 准备工作完成后再进行实际测量。

(3) 数字兆欧表多采用倍压电路，电池供电电流较大，不使用时务必关机。

思考与练习

1. 使用兆欧表时，应注意哪些事项？为什么？

2. 当用兆欧表测得低压电动机的相间绝缘电阻为零时，能否断定其绝缘层击穿？可用什么方法来判断？

项目 4

电能的测量

项目分析

电能是指电以各种形式做功(即产生能量)的能力。电能广泛应用在动力、照明、冶金、化学、纺织、通信、广播等领域,是科学技术发展、国民经济飞跃的主要动力。日常生活中使用的电能,主要来自其他形式能量的转换,包括水能(水力发电)、热能(火力发电)、原子能(核电)、风能(风力发电)、化学能(电池)及光能(光电池、太阳能电池等)等。本项目主要测量用电器在一段时间内消耗的电能。

任务 4.1 用单相电能表测量电能

任务分析

图 4-1-1 所示是一只标称功率为 100W 的白炽灯。在实际中,灯泡出厂时要使用单相电度表测量其实际电能是否达到规定要求。我们要掌握根据被测负载的性质,选择合适的功率表类型,正确接线,合理选择量程并准确读数,完成白炽灯单相电能的测量。

图 4-1-1 白炽灯

相关知识

电能表也称电度表,是用来测量某段时间内,发电机发出多少电能或负载消耗多少电能的仪表。电能表的测量结果不仅反映负载的功率大小,还反映电能随时间的积累。电能表有感应式和电子式两大类,本任务主要介绍感应式电能表。

1. 电能表基本知识

1）感应式电能表的型号

电能表的型号有多个系列，以下每一个型号中的第一个字母代号“D”均表示电能表。

(1) DD系列：为单相电能表，第二个字母“D”表示单相，如DD1型、DD36型、DD101型等。

(2) DS系列：为三相三线有功电能表，第二个字母“S”表示三相三线，如DS1型、DS2型、DS5型等。

(3) DT系列：为三相四线有功电能表，第二个字母“T”表示三相四线制，如DT1型、DT2型、DT862型等。

2）电能表的技术指标

电能表的主要技术指标有以下几个。

(1) 额定电流I_b：它是计算负载的基数电流值，如10A电能表、40A电能表的额定电流分别是10A、40A。

(2) 额定最大电流I_{max}：它是使电能表长期工作，且误差与温度均满足规定要求的最大负载电流。额定最大电流通常是额定电流的整数倍。

在电能表表面，额定电流数值后面括号内的数字就是额定最大电流。例如，某电能表的表面有“5(10A)”字样，其中“5”为额定电流值，括号内的“10A”为额定最大电流，即对于额定电流为5A的电能表，当把负载电流增大到不超过10A时，仍能正常工作。这样，用户用电量增加(总的负载电流不超过10A)时，不必更换电能表。

(3) 电能表常数：表示该电能表每计量1kW·h电能时转盘的转数。

以上三个性能指标标在电能表表面的铭牌上。另外，电能表铭牌上还标有额定电压和频率等。

(4) 潜动：是指当负载电流等于零时，电能表转盘仍有转动的现象。按照规定，当电能表的电流线圈中无电流，而加于电压线圈上的电压为额定值的80%～110%时，在规定时间内转盘的转动不应超过一整圈。

2. 单相电能表

1）单相电能表的使用

选择单相电能表时，要注意额定电压和额定电流的选择。

应使用户的负载电流在电能表额定电流的20%～120%。单相220V照明负载电路按5A/kW来估算用户负载电流。电能表的额定电压应与负载的额定电压相符。

需经电流互感器接入被测电路时，应选用额定电流为5A的电能表。

2）单相电能表的安装与接线

电能表接线时，必须使电流线圈与负载串联接入端线(即相线)，电压线圈和负载并联。单相电能表共有4个接线端，其中两个端接电源，另两个端接负载。

3）接线

单相电能表接线盒内的4个接线端从左到右编号分别为1、2、3、4。接线时，一般而言，

1、3 端接电源（“1”接相线，“3”接中线），2、4 端接负载（“2”接负载侧相线），如图 4-1-2 所示。

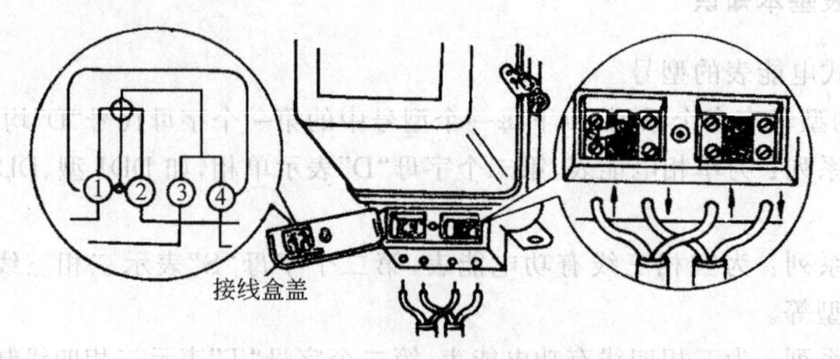

图 4-1-2 单相电能表接线图

4）安装

电能表一般要求与配电装置安装在一起。安装电能表的步骤为：①打墙眼，装塑料；②装木板，装木螺钉；③装电能表、闸刀开关、熔断器；④接线、接电源；⑤接负载，如图 4-1-3 所示。

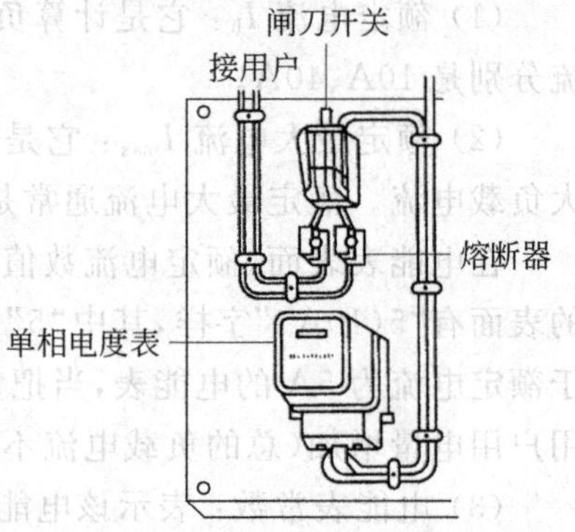

图 4-1-3 单相照明配线板效果图

5）注意事项

（1）为确保电能表的精度，安装时表的位置必须与地面保持垂直，表箱的下沿离地高度应在 1.7～2m，暗式表箱下沿离地 1.5m 左右。

（2）闸刀开关安装时切不可倒装或横装。

（3）配电板要用穿墙螺栓或膨胀螺栓固定，也可以用木螺栓固定。

任务实施

1. 工作准备

木板 1 块，导线若干，电度表 1 块，闸刀开关 1 只，熔断器 1 组。

2. 任务步骤

（1）设计家用带保护装置的简单配电板。

（2）安装家用电路模拟总成模板，其配电板电路如图 4-1-4 所示。

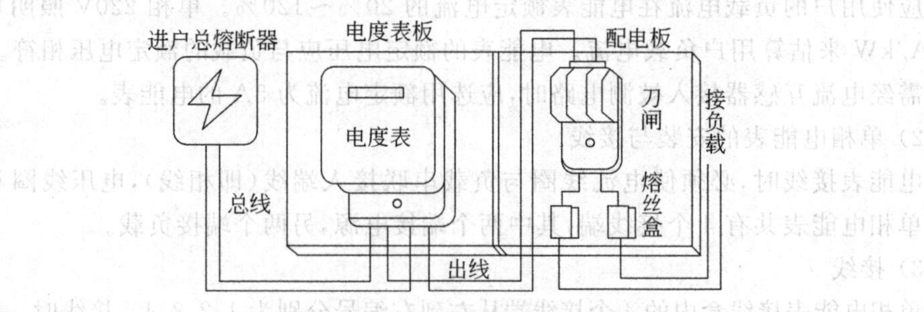

图 4-1-4 单相电度表的配线安装线路图

(3) 将训练结果填入表 4-1-1。

表 4-1-1 配电板的安装训练记录表

项　目	实训内容					备注
	负载灯泡是否亮	选线	电度表引入、引出线	单相配线	整体工艺	
家用配电板的安装						

3. 检测评价

评分标准如表 4-1-2 所示。

表 4-1-2 评分标准

序号	项目内容	配分	评分标准	扣分	得分
1	元器件安装	20	安装不正确,每次扣 10 分		
2	接线	30	接线不正确,扣 20 分		
3	工艺	40	接线不符合规范,每处扣 5 分		
4	安全操作	10	违反安全操作规程,每项扣 1 分,扣完为止		
时间:1 小时			成绩:		

知识拓展

电能是能量的一种形式,是由各种形式的能量转化而来的;这些能量的转化过程是由发电厂和电池完成的。

电源是提供电能的装置,其实质是把其他形式的能转化为电能。发电类型有:风力发电、水力发电,把机械能转化为电能;火力发电,把化学能转化为电能;太阳能发电,把太阳能转化为电能;原子能发电,把原子能转化为电能。电池类型有:干电池、铅蓄电池、手机电池,把化学能转化为电能;硅光电池,把光能转化为电能;太阳能电池,把太阳能转化为电能。

用电器在工作时把电能转化为其他形式的能。电灯把电能转化为内能、光能;电风扇、无轨电车、吸尘器、洗衣机等把电能转化为动能;电视机、计算机把电能主要转化为光能和声能;热水器、电饭锅把电能转化为内能等。

电能的国际单位是焦耳,简称焦,符号是 J;常用单位是度,学名叫千瓦时,符号是 kW·h,$1\text{kW}\cdot\text{h}=3.6\times10^6\text{J}$。

对焦耳、千瓦时的感性认识是:将一个苹果从地面举高到桌面所需的能量大约是 1J,手电筒 1 秒消耗的电能大约是 1J,微波炉工作 1 小时消耗的电能大约是 1kW·h。

思考与练习

简述单相电度表安装的注意事项。

任务 4.2 用三相电能表测量电能

任务分析

三相电路中电能的测量与三相电路中功率的测量一样，要根据三相电源和负载的连接方式，选用不同的测量方法。本任务测量两种不同的三相负载在电路中消耗的电能，如图 4-2-1 和图 4-2-2 所示。

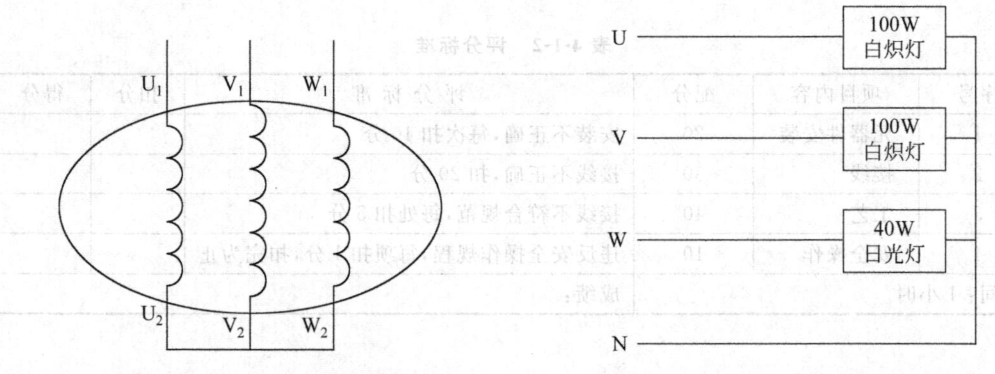

图 4-2-1 三相电动机绕组　　图 4-2-2 三相四线制照明负载

测量三相交流电路的电能，采用三相有功电能表；测量三相四线制电路的电能，采用三相四线电能表；测量三相三线制电路的电能，采用三相三线电能表。本任务选用三相三线电能表测量三相电动机消耗的电能，用三相四线电能表测量三相四线制照明负载消耗的电能，如图 4-2-3 和图 4-2-4 所示。

图 4-2-3 三相四线制电能表

图 4-2-4 三相三线制电能表

相关知识

1. 三相有功电能表

三相电能表的工作原理与单相电能表完全相同，只是结构上采用多组驱动部件和固定在转轴上的多个铝盘的方式，实现对三相电能的测量。

1) 三相四线有功电能表

三相四线有功电能表由3个驱动元件和装在同一转轴上的3个铝盘组成(如DT1型三相四线电能表)，它的读数直接反映了三相负载消耗的电能。有些三相四线制有功电能表采用三组驱动部件作用于同一铝盘的结构(如DT12型)，具有体积小、重量轻、摩擦力距小等优点，有利于提高灵敏度和延长使用寿命。由于三组电磁元件产生的磁场作用于同一个铝盘，其磁通量和涡流的相互干扰不可避免地加大了。为此，必须采取补偿措施，尽可能加大每组电磁元件之间的距离，并且铝盘的直径要大一些。

三相四线有功电能表有接线端钮10个或11个，置于接线盒内。其中，1、2端子，4、5端子以及7、8端子已在电能表内部连接好，如图4-2-5所示。

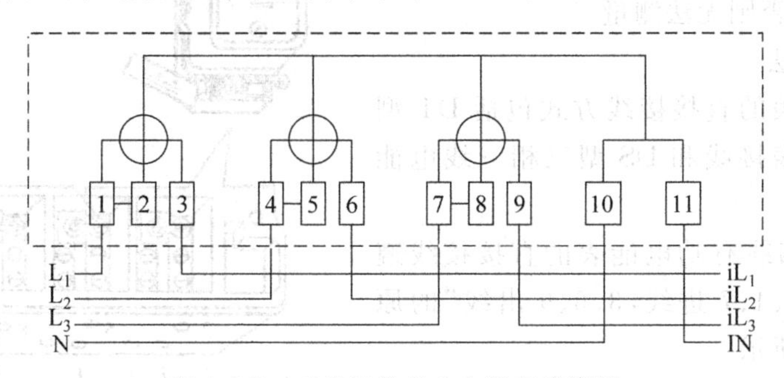

图4-2-5 三相四线有功电能表接线图

2) 三相三线制有功电能表

三相三线制有功电能表采用两组驱动部件作用装在同一转轴上的两个铝盘(或一个铝盘)的结构，其原理与单相电能表完全相同，其直接接入被测电路的线路如图4-2-6所示。三相三线制有功电能表的接线盒内有8个接线端子。其中，1、2端子以及6、7端子已在电能表内部接好，如图4-2-6所示。

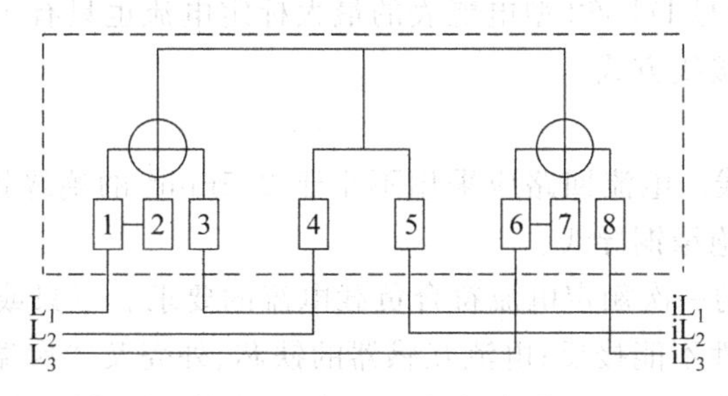

图4-2-6 三相三线有功电能表接线图

2. 三相电能表直接接线

1) 接线要求

(1) 选择连接导线。应按电能表的标定电流进行选择，一般采用绝缘铜导线，最小截面不应小于 $2.5mm^2$。其中，$6mm^2$ 及以下的导线应采用单股线。

(2) 校正相序接线，即按照 U、V、W 或 V、W、U 或 W、U、V 的相序接线；若反相序接线(如 U、W、V 等)，电能表将产生附加误差，使计量不准。

(3) 遵循电流与电压对应的原则。接入电能表某元件的电流，必须与接入该元件的电压相对应，必须为同一相别(对元件的电流与电压线圈同极性端而言)。

(4) 三相四线电能表必须接入零线。若尚未接入零线，当三相不平衡时，将引起较大的测量误差。

(5) 三相四线电能表的相线与零线不能反接。三相四线电能表的电压线圈额定电压为 220V，当零、相线反接时，电能表的三组电压线圈中将有两组承受 380V 线电压，致使线圈烧毁。

(6) 其他。直接接线电能表的电压联片必须连接牢固，否则无法测量。

2) 接线方法

三相电能表的直接接线方式包括 DT 型三相四线电能表接线和 DS 型三相三线电能表接线两种。

(1) 三相四线有功电能表的直接接线遵循"接线端子 1、4、7 进线，3、6、9 出线"的原则，如图 4-2-7 所示。

(2) 三相三线有功电能表的直接接线一般遵循"接线端子 1、4、6 进线，3、5、8 出线"的原则，如图 4-2-8 所示。

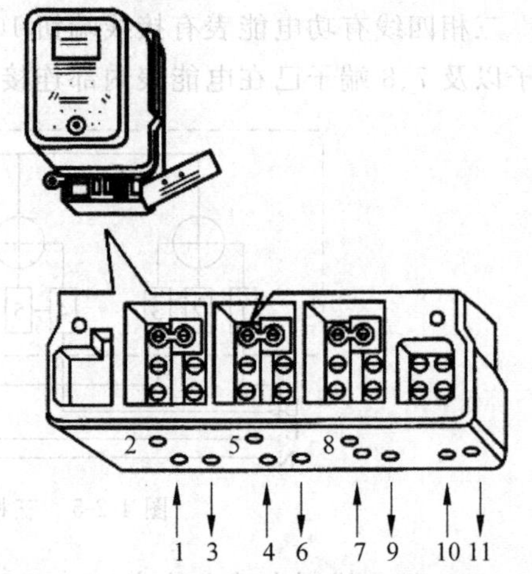

图 4-2-7 三相四线有功电能表端子接线图

3. 三相电能表经电流互感器接线

因为三相有功能表直接接线时所能接入的电流是有限的，如 DT8 型电能表的最大标定电流只有 80A，新型号 DT862 型电能表的最大标定电流也只有 100A。所以，在工程中常采用经电流互感器接线方式。

1) 接线要求

(1) 选择连接导线。电流回路应采用不小于 $2.5mm^2$ 的绝缘铜导线；电压回路应采用不小于 $1.5mm^2$ 的绝缘铜导线。

(2) 电流互感器的一次额定电流符合负载电流的要求。三只或两只电流互感器的变比应相同；接线时，极性不能接反；电流互感器的铁芯、外壳及二次端应接地或接零。

(3) 按正相序接线。三相四线电能表必须接入零线，且零线、相线不能接反。

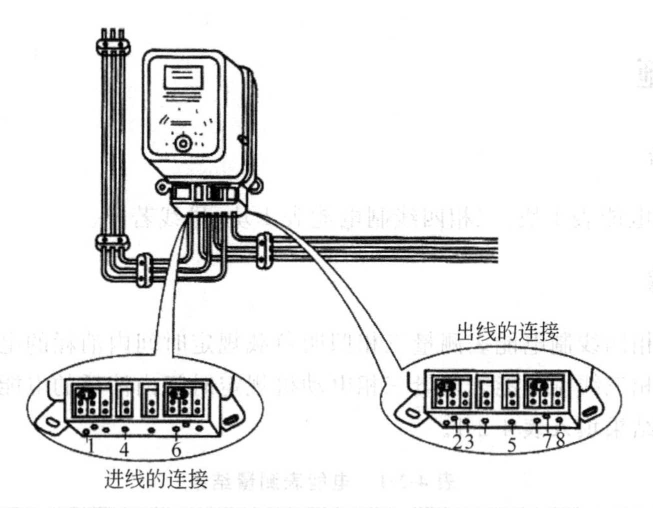

图 4-2-8 三相三线有功电能表端子接线图

2）接线方式

经电流互感器接线方式包括DT型三相四线有功电能表的接线和DS型三相三线有功电能表的接线两种，分别如图4-2-9和图4-2-10所示。

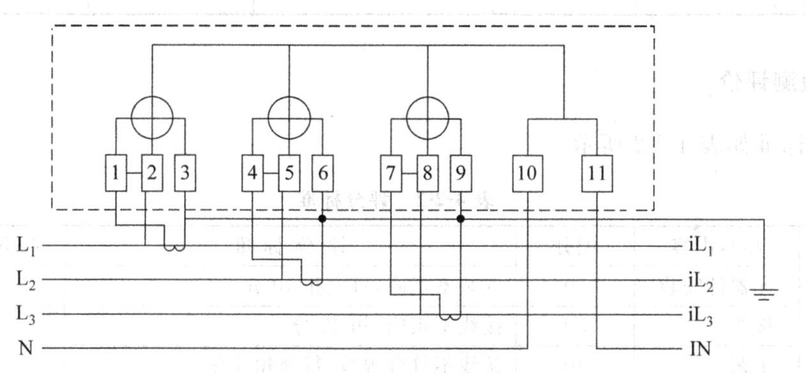

图 4-2-9 DT型三相四线有功电能表经电流互感器接线图

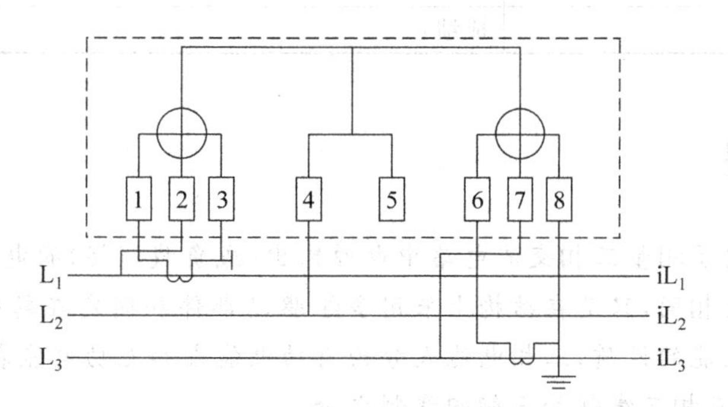

图 4-2-10 DS型三相三线有功电能表经电流互感器接线图

任务实施

1. 工作准备

三相三线制电能表 1 块,三相四线制电能表 1 块,导线若干。

2. 任务步骤

(1) 利用三相四线制电能表测量三相照明负载规定时间内消耗的电能。
(2) 利用三相三线制电能表测量三相电动机规定时间内消耗的电能。
(3) 将训练结果填入表 4-2-1。

表 4-2-1 电能表测量结果

<table>
<tr><th rowspan="3">负载情况</th><th colspan="4">测 量 值</th><th colspan="2">计 算 值</th></tr>
<tr><th colspan="2">电表读数/(kW·h)</th><th rowspan="2">时间/s</th><th rowspan="2">转数 n</th><th rowspan="2">计算电能</th><th rowspan="2">电能常数 A</th></tr>
<tr><th>起</th><th>止</th></tr>
<tr><td>电机</td><td></td><td></td><td></td><td></td><td></td><td></td></tr>
<tr><td>照明负载</td><td></td><td></td><td></td><td></td><td></td><td></td></tr>
</table>

3. 检测评价

评分标准如表 4-2-2 所示。

表 4-2-2 评分标准

序号	项目内容	配分	评 分 标 准	扣分	得分
1	元器件安装	20	安装不正确,每次扣 10 分		
2	接线	30	接线不正确,扣 20 分		
3	工艺	40	接线不符合规范,每处扣 5 分		
4	安全操作	10	违反安全操作规程,每项扣 1 分,扣完为止		
时间:1 小时			成绩:		

知识拓展

三相电能表用于测量三相交流电路中电源输出(或负载消耗)的电能。它的工作原理与单相电能表完全相同,只是在结构上采用多组驱动部件和固定在转轴上的多个铝盘的方式。根据被测电能的性质,三相电能表分为有功电能表和无功电能表;由于三相电路接线形式不同,又有三相三线制和三相四线制之分。

三相四线制有功电能表与单相电能表的不同之处,是它由三个驱动元件和装在一转轴上的三个铝盘所组成,其读数直接反映了三相所消耗的电能。也有些三相线制有功电能表采用三组驱动部件作用于同一铝盘的结构。这种结构具有体积小,重量轻,减小了摩擦力等优点，有利于提高灵敏度和延长使用寿命等。但由于50组电磁元件作用于同一个圆盘，其磁通和涡流的相互干扰不可避免地加大了，必须采取补偿措施，尽可能加大每组电磁元件之间的距离，转盘的直径要大一些。三相三线制有功电能表采用两组驱动部件作用于装在同一转轴上的两个铝盘(或一个铝盘)的结构，其原理与单相电能表完全相同。

思考与练习

总结三相三线制和三相四线制电度表的区别。

项目 5

电子元器件的测量

项目分析

任何一个性能优良的电路都是由若干元器件搭接而成的，元器件的好坏直接关系到产品的质量与性能。因此，对于初学者来说，准确识别与检测元器件并迅速挑选元器件具有十分重要的意义。

任务 5.1　识别与测量电阻

任务分析

电阻器是电子元件中最简单、应用最广泛的元件之一，所以迅速识别、准确测量电阻器是从事电气专业技术人员的基本技能。在本次任务中，一是通过观察，熟悉电阻器的命名以及参数标注方法；二是用万用表检测电阻器，并判断其好坏。

相关知识

1. 电阻器

1）电阻器的分类

电阻器是电子产品中必不可少的元件，在电路中起到稳定和调节电压、电流的作用。电阻器的种类很多，分类方法也多种多样。根据电阻器的工作特点和电路功能，分为固定电阻器、可变电阻器、敏感电阻器三大类；根据电阻器的材料，主要分为碳膜电阻器、金属膜电阻器等，并以不同的背景色区分，一般碳膜电阻器的背景色为浅黄色，金属膜电阻器的背景色为蓝色。常用电阻器的外形如图 5-1-1 所示。

图 5-1-1　常用电阻器外形

2）电阻器的主要参数

电阻器因结构、材料不同，在性能上存在一定的差异。反映电阻器性能特点的主要参数有标称阻值、允许偏差和额定功率。对于 THT 元件，其标称阻值、允许偏差一般可直接读出；额定功率则根据其体积而定，通常体积越大，功率越大。常见的非线绕电阻器额定功率主要有 1/8W、1/4W、1/2W、1W、2W 等。电阻器额定功率的图形标识符号如图 5-1-2 所示。

3）电阻器参数的标注方法

电阻器参数的标注方法通常有四种，即直标法、文字符号法、色环法和数码法。直标法和文字符号法现在已很少采用；色环法标注的电阻器颜色醒目、标志清晰、不易褪色，因此应用广泛。下面主要介绍色环法标注的电阻器（色环电阻器）的识读方法。

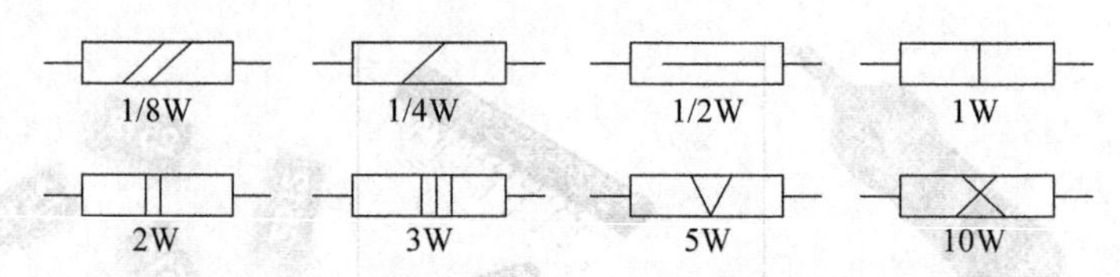

图 5-1-2 电阻器额定功率的图形标识符号

对于色环电阻器,通常有四道色环标志法和五道色环标志法两种。前者用两环表示有效值,第三环表示倍乘数,第四环表示误差;后者用三环表示有效值,第四环表示倍乘数,第五环表示误差。读数方法如图 5-1-3 所示,色环颜色及其含义如表 5-1-1 所示。

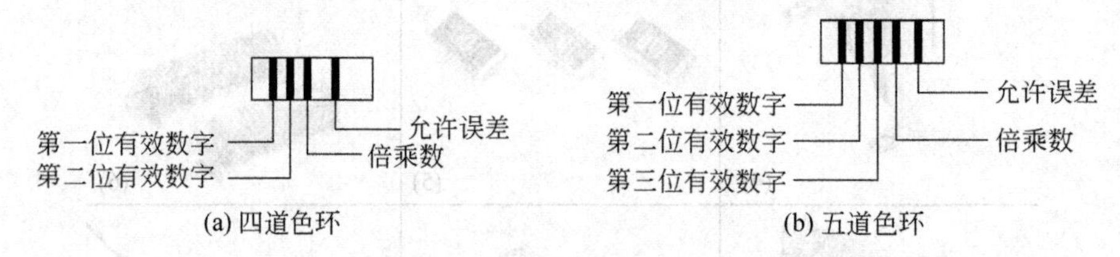

图 5-1-3 色环电阻的读数方法

表 5-1-1 色环颜色及其含义

颜　色	有效数字	倍　乘　数	允 许 偏 差
黑	0	$\times 10^0$	
棕	1	$\times 10^1$	±1%
红	2	$\times 10^2$	±2%
橙	3	$\times 10^3$	
黄	4	$\times 10^4$	
绿	5	$\times 10^5$	±0.5%
蓝	6	$\times 10^6$	±0.25%
紫	7	$\times 10^7$	±0.1%
灰	8	$\times 10^8$	
白	9	$\times 10^9$	
金		$\times 10^{-1}=0.1$	±5%
银		$\times 10^{-2}=0.01$	±10%
无色			±20%

例如,某电阻器的色标是红红黑金,则其阻值为 $22\times 10^0=22(\Omega)$,误差为 5%;若某电阻器的色标是红红黑橙棕,其阻值是 $220\times 10^3=220000(\Omega)=220(\text{k}\Omega)$,误差为 1%。

对于初学者来说,如何确定电阻上的第一道色环很重要,经验做法是:在四环普通电阻标志中,误差色环一般是金色或银色,由此可知第一道色环;在五环精密电阻标志中,第一道色环与电阻器的引脚距离最短。一般而言,电阻器的标称阻值是按照国家规定的阻值系列标注的,如表 5-1-2 所示。

表 5-1-2　不同系列电阻器的标称阻值

允许误差	系列代号	标称阻值系列
5%	E24	1.0　1.1　1.2　1.3　1.5　1.6　1.8　2.0　2.2　2.4　2.7　3.0 3.3　3.6　3.9　4.3　4.7　5.1　5.6　6.2　6.8　7.5　8.2　9.1
10%	E12	1.0　1.2　1.5　1.8　2.2　2.7　3.3　3.9　4.7　5.6　6.8　8.2
20%	E6	1.0　1.5　2.2　3.3　4.7　6.8

数码法以其简单、直观的优势应用越来越广泛，特别是对于片状电阻器和超小型电阻器。数码电阻器的数码从左到右排列，第一、二位为有效数字，第三位为倍乘数，单位为Ω。例如，“203”表示 20kΩ。

2. 可变电阻器与电位器的识别

可变电阻器和电位器是阻值连续可调的电阻器，其型号命名与电阻器类似。一般情况下，电位器带调节手柄，而可变电阻器不带调节手柄，二者有时统称为可变电阻器。常用的可变电阻器与电位器如图 5-1-4 所示。

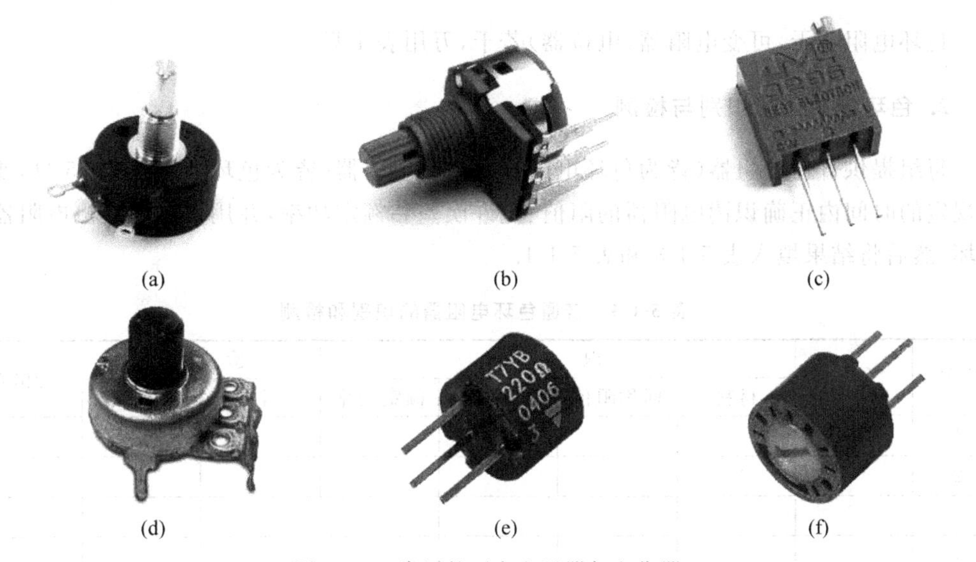

(a)　(b)　(c)　(d)　(e)　(f)

图 5-1-4　常用的可变电阻器与电位器

1）可变电阻器的分类

可变电阻器按材料不同，分为线绕电位器、合成电位器和薄膜电位器三大类；按结构，分为单联、多联、带开关和抽头电位器等；按可变电阻器滑动臂转动角度与阻值变化之间的特性，分为直线型(X)、指数变化型(Z)和对数变化型(D)三种。

2）电位器的参数标注方法

电位器的参数一般采用直标法和文字符号法标注，即将标称阻值、允许偏差、额定功率和类型标注在电位器外壳上。例如，“WS4.7KⅡ0.5/X”中，“WS”表示型号为有机实心电位器，“4.7K”表示标称阻值为 4.7kΩ，“Ⅱ”表示允许偏差为±10%，“0.5”表示额定功率为 0.5W，“X”表示类型为直线型。

3) 引脚识别方法

除X型电位器外，其他非线性电位器的两个定片是不能互换的。所以使用前，必须分清楚电位器的引脚分布。

(1) 识别动片。大多数电位器动片在两个定片之间，以此特征可方便地找出动片；也有个别动片在一边的，这时通过旋转电位器测阻值的方法来确定动片。

(2) 识别接地定片和热端定片。分辨的方法是：将转柄面对自己，然后逆时针旋转到头，与动片之间的阻值为零的便是接地定片，另一端是热端定片。

(3) 识别外壳接地引脚片。在一些电位器上，除了上述引脚外，还多出一个外壳接地引脚。此脚与电位器金属外壳相连，识别时可用万用表测各引脚与外壳的阻值，若为零，则该脚便是外壳接地引脚。

任务实施

1. 工作准备

色环电阻若干，可变电阻器(电位器)若干，万用表1只。

2. 色环电阻器的识别与检测

每组提供普通电阻器(皆为色环电阻器)、精密电阻器(皆为色环电阻器)各5只，要求在规定的时间内正确识读电阻器的阻值、允许误差和额定功率，并用万用表检测电阻器的好坏，然后将结果填入表5-1-3和表5-1-4。

表5-1-3 普通色环电阻器的识别和检测

序号	色环	识别				检测		合格否
		材料	标称阻值	允许误差	额定功率	挡位	测量值	
1								
2								
3								
4								
5								

表5-1-4 精密色环电阻器的识别和检测

序号	色环	识别				检测		合格否
		材料	标称阻值	允许误差	额定功率	挡位	测量值	
1								
2								
3								
4								
5								

3. 可变电阻器(电位器)的识别与检测

每组提供不同型号的电位器5只,要求在规定的时间内正确识读电位器的标称阻值与测量值,并用万用表检测电位器的好坏,然后将结果填入表5-1-5。

表5-1-5　电位器的识别与检测

序号	型号	标称阻值	测量值	外形示意图(标出动片)	合格否
1					
2					
3					
4					
5					

4. 检测评价

评分标准如表5-1-6所示。

表5-1-6　评分标准

序号	考核内容及要求	配分	评 分 标 准	扣分	得分
1	能正确识读各种类型电阻器的阻值、误差及功率	20	对于5个电阻器,每个参数全对,得3分;错1个参数,扣1分		
2	能正确利用万用表测量电阻器的阻值,检查电阻器的好坏	20	不调零、挡位选择不正确,扣10分;不会读数,扣5分		
3	能正确识别电位器的标称阻值、动片;对于非线性电位器,能正确识别其接地定片和热端定片	20	对于5个电位器,每个参数全对,得3分		
4	能正确利用万用表测量电位器的阻值,检测电位器的好坏	20	挡位选择不正确,扣5分;检测方法不正确,扣10分		
5	安全文明操作	20	损坏仪器设备,将该项扣完;桌面不整洁,扣5分;仪器、工具摆放凌乱,扣5分;发生重大安全事故,总分记0分		
时间:1小时			成绩:		

知识拓展

熔断电阻器

熔断电阻器是一种具有电阻器和熔断器双重作用的特殊元件。它在电路中用字母“RF”或“R”表示。

熔断电阻器分为两种:一种是负温度系数的热敏电阻器,其特点是在它两端施加的电压增大到某一特定值时,因过电流使其表面温度达到500～600℃,阻值将急剧减小,电阻层剥落而熔断;另一种是正温度系数的热敏电阻器,其特点是它两端施加的电压超过额定值时,阻值将急剧增大,使电路处于开路状态。两种熔断电阻器具有相同的作用,能实现在高电压、大电流时保护其他元器件不致烧损。

各厂家生产的熔断电阻器外形及符号如图 5-1-5 所示。

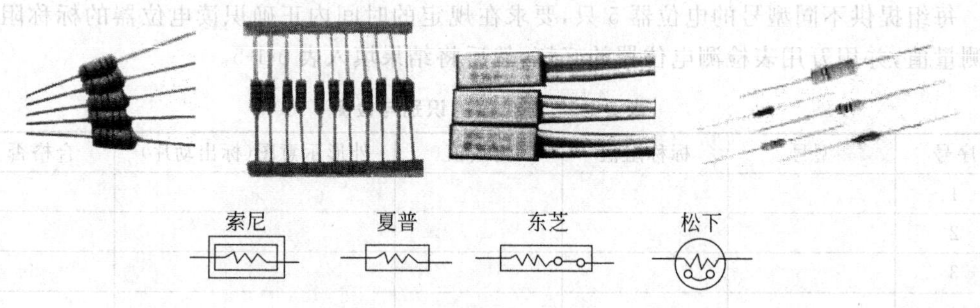

图 5-1-5 熔断电阻器外形及符号

对于表面无任何痕迹的熔断电阻器好坏的判断，可借助万用表 $R\times1$ 挡来测量。为保证测量准确，应将熔断电阻器一端从电路上焊下。若测得的阻值为无穷大，说明此熔断电阻器已失效开路；若测得的阻值与标称值相差甚远，表明电阻变值，不宜再使用。在维修实践中发现，有少数熔断电阻器在电路中有击穿短路的现象，检测时也应注意。

思考与练习

1. 电阻器的参数除了电阻值外还有哪些？两个阻值相同的电阻器是否一定可代换？
2. 如何判断电位器的接地定片和热端定片？如何判断电位器的好坏？
3. 到电子城参观，了解常见电阻器的外形、结构和参数。

任务 5.2 识别与测量二极管和晶体管

任务分析

半导体器件是电子线路中常用的元器件之一，常用的主要有二极管和晶体管。二极管的基本特性是单向导电性，可实现信号整流、电路通断及稳压等。晶体管是电子电路中应用最广泛的元器件之一，由晶体管构成的电路可实现信号的放大、转换及传输。它们是典型的非线性器件。作为专业人员，不仅要熟悉二极管、晶体管的识别与检测方法，还应掌握其实际应用。

相关知识

1. 二极管

常见的二极管如图 5-2-1 所示。

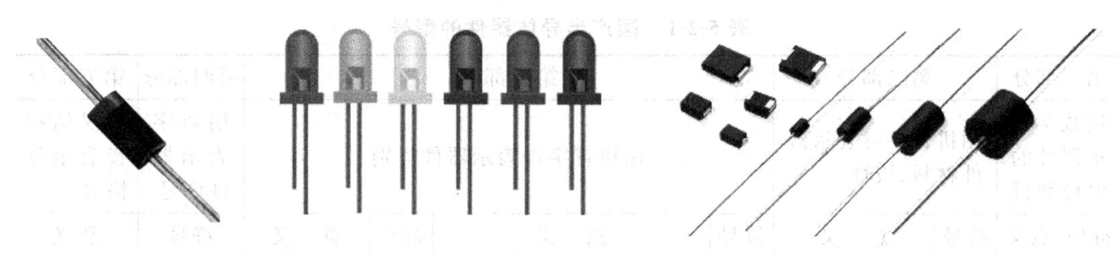

图 5-2-1 常见的二极管

1）二极管的特点及种类

半导体二极管又称为晶体二极管，简称二极管，其种类很多，按材料分为硅、锗、砷化镓二极管等；按结构及制作工艺分为点接触、面接触、平面型二极管；按工作原理分为隧道、雪崩、变容二极管等；按用途分为检波、整流、开关、稳压、变容、发光、光敏二极管等。二极管最主要的特性是单向导电性，即其两端加正向电压时导通，加反向电压时截止。

2）常用的特殊二极管

(1) 稳压二极管：又称齐纳二极管，是一种用于稳压、工作于反向击穿状态的特殊二极管。稳压二极管一般用硅半导体材料制成。稳压二极管的种类很多，从外形上分为金属外壳、塑料封装外壳及玻璃外壳三种，其中有一种金属外壳稳压二极管的外形与晶体管相同。

(2) 发光二极管：是一种把电能变成光能的特殊二极管，当它通过一定的电流时就会发光，具有体积小、工作电压低、工作电流小等特点，广泛应用于仪器仪表的指示灯及大屏幕 LED 显示器中。发光二极管常用的有红、绿、黄三种颜色，目前市面上还有双色发光二极管、三色发光二极管、多色发光二极管等变色(有红、蓝、绿、白四种颜色)发光二极管。变色发光二极管按引脚数量分为二端变色发光二极管、三端变色发光二极管、四端变色发光二极管和六端变色发光二极管等多种。

3）半导体器件的型号命名方法

按照国家标准规定，国产半导体器件的型号由四部分组成，如表 5-2-1 所示。国外半导体器件的型号命名方法在此不再赘述。

4）二极管的主要参数

二极管不同于电阻、电容、电感元件，其参数不标注在外壳上，而是要通过查阅有关手册，才能了解具体参数。

2. 二极管的检测

1）二极管的极性判别

(1) 直观识别二极管的极性。二极管的正、负极一般在其外壳上标出：有的标出电路符号，有的用色点或标志环表示，有的要借助二极管的外形特征来识别。

国产二极管有色点的一端为正极，或二极管上面标有电路符号，其极性与所标符号相一致；进口二极管一般在靠负极引线处有标志环(银白色环)；某些大电流整流二极管的正、负极引脚形状不同，借此可分清正、负极。例如，对于中、小功率金属壳封装(整流)二极管，带螺纹的一端为负极，另一端为正极。

表 5-2-1 国产半导体器件的型号

第一部分		第二部分		第三部分				第四部分	第五部分
用数字表示器件的电极数目		用拼音字母表示器件材料、极性		用拼音字母表示器件类别				用数字表示器件序号	用汉语拼音表示规格号
符号	意义	符号	意　义	符号	意　义	符号	意　义	符号	意义
2	二极管	A B C D	N型锗材料 P型锗材料 N型硅材料 P型硅材料	P Z W K L	普通管 整流管 稳压二极管 开关管 整流管	C U N B T	参量管 光电器件 阻尼管 半导体 特殊器件		
3	晶体管	A B C D E	PNP锗材料 NPN锗材料 PNP硅材料 NPN硅材料 化合物材料	X G D A	低频小功率管 ($f_a<3\text{MHz}, P_C<1\text{W}$) 高频小功率管 ($f_a\geqslant3\text{MHz}, P_C<1\text{W}$) 低频大功率管 ($f_a<3\text{MHz}, P_C\geqslant1\text{W}$) 高频大功率管 ($f_a\geqslant3\text{MHz}, P_C\geqslant1\text{W}$)	U	光电器件		

(2) 用指针式万用表判别极性。当二极管封装上的符号或极性不清楚或元件手册可查时，可依据二极管单向导电性来判断极性。方法是用万用表 $R\times100$ 或 $R\times1\text{k}$ 挡，将红、黑表笔同时接触二极管的两根引线，然后对调表笔重新测量。在两次测量中，所测阻值小的那次，黑表笔接的是二极管的正极，红表笔接的是二极管的负极，如图 5-2-2 所示。另外，由于二极管的非线性特性，在不同挡位测得的二极管正向导通电阻是不同的。

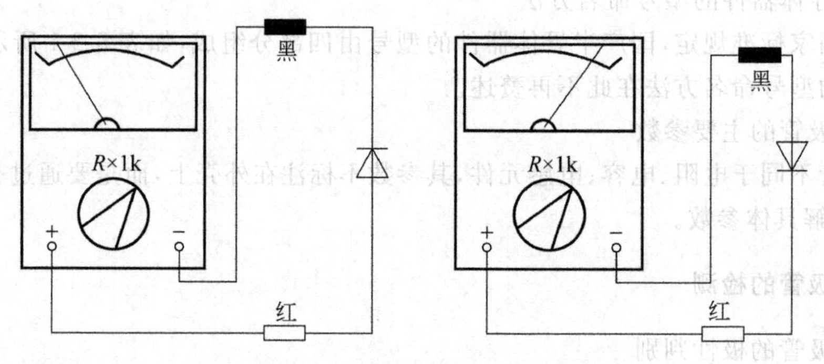

图 5-2-2 用万用表判别二极管极性

2) 二极管的性能检测

二极管的主要故障有断路、击穿、失效(正向电阻变大或反向电阻变小)等。

通常，二极管的正、反向电阻值相差越悬殊，说明其单向导电性越好。因此，通过检测其正向电阻值(万用表的黑表笔接二极管正极，红表笔接二极管负极，此时表内电池给二极管加的是正向偏置电压）和反向电阻值（对调红黑表笔，此时表内电池给二极管加的是反向偏置电压），可以方便地判断出管子的导电性能。正常的二极管应该是正向电阻很小，反向电阻很大。一般使用万用表 $R\times1$k 挡检测。检测正向电阻时，其值为几千欧至几十千欧，反向电阻为无穷大。若测出的整流二极管正向电阻值小于1kΩ，则一般为高频管。当然，也可使用其他挡位测量，只是流过二极管的电流和所加反向电压不要超过二极管的额定值。

在检测时，若二极管的正、反向电阻都很大，说明其内部断路；反之，若正、反向电阻值都很小，说明其内部有短路故障；如果两次所测值差别不大，说明此管失效。这几种情况都说明二极管已损坏。

3）稳压二极管的检测

稳压二极管在反向击穿前的导电特性与一般二极管相似，可以通过检测其正、反向电阻值，判别它的正、负极和质量情况，此处不再赘述。下面重点介绍它与普通二极管的区分方法。

常用稳压二极管的外形与普通小功率整流二极管相似，当管壳上的标记脱落后，需要用万用表来识别，具体方法是：用 $R\times1$k 挡测出二极管的正、负极；然后将万用表拨至 $R\times10$k 挡，黑表笔接二极管的负极，红表笔接二极管的正极，若此时测得的反向阻值很小（与使用 $R\times1$k 挡测出的值相比），说明该管为稳压二极管；反之，测得的反向阻值仍很大，说明该管为普通二极管。这是因为用 $R\times10$k 挡时，表内部电池的电压一般都在 9V 以上，当被测稳压二极管的击穿电压低于该值时，可以被反向击穿，使其电阻值大大减小；普通二极管不会被击穿，所以测出的阻值比较大。显然，对反向击穿电压值较大的稳压二极管，采用上述方法是鉴别不出的。

4）发光二极管的检测

发光二极管一般用磷砷化镓、磷化镓等材料制成，内部是一个 PN 结，具有单向导电性，同样可以用万用表测量其正、反向电阻来判断其极性和好坏，方法类似于一般二极管的检测。

测量时，万用表置于 $R\times10$k 或 $R\times1$k 挡，测其正、反向电阻。一般正向电阻为几十千欧，反向电阻为数百千欧。若采用的是 $R\times10$k 挡，在测量正向电阻时，可以看到发光现象。

发光二极管的工作电流是一个重要的参数，应用时若电流过小，则不足以使其发光；若电流过大，又影响发光二极管的使用寿命。一般来讲，当发光二极管正常发光时，其两端压降在 1.7V 左右，工作电流在 2～20mA 之间，选 10mA 为典型值。据此，可算出电路中相应限流电阻的取值。例如，某电路采用 5V 电压给发光二极管供电，则限流电阻的计算方法为：(5V－1.7V)/10mA＝330Ω。实际使用中，由于工作电流可以在一定范围内取值，所以限流电阻值常取 330Ω、470Ω、560Ω 等。

3. 晶体管

晶体管是内部含有两个 PN 结，外部具有三个电极的半导体器件。它具有电流放大的作用,也可作为开关使用,主要用于电路的放大、振荡、控制、稳压、倒相、开关、阻抗匹配等。由于其内部同时存在电子和空穴这两种载流子,故又称为双极型晶体管。

1）晶体管的分类

常用晶体管按材料分为硅和锗晶体管;按导电性能分为PNP型和NPN型;按生产工艺分为合金型、扩散型、平面型等;按工作频率分为低频、高频、超高频管;按功率分为小功率、中功率和大功率晶体管;从外形结构上分为小功率金属封装、大功率金属封装、塑料封装等;按功能和用途分为放大、开关、低噪声、高反压管等。常见的晶体管如图5-2-3所示。

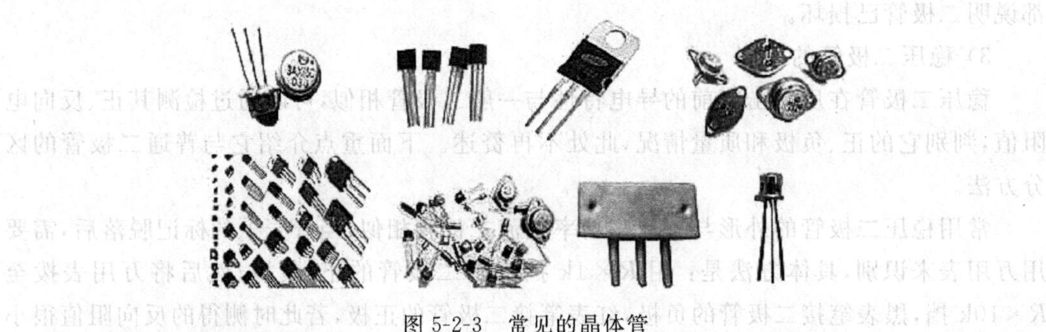

图5-2-3 常见的晶体管

2）晶体管的型号命名方法

(1) 国产晶体管型号命名:其原则与二极管相同,也是由五部分组成,如表5-2-1所示。

(2) 国外半导体器件简介:除了我国生产的晶体管以外,日本、美国、欧洲、韩国的晶体管也比较多见。下面以韩国三星电子公司的产品为例,说明常用晶体管的型号、极性及用途,如表5-2-2所示。

表5-2-2 三星系列晶体管的型号、极性及用途

型号	9011	9012	9013	9014	9015	9018	8050	8550
极性	NPN	PNP	NPN	NPN	PNP	NPN	NPN	PNP
用途	高放	功放	功放	低放	低放	高放	功放	功放

4. 晶体管的主要技术参数

晶体管的参数较多,一般分为直流参数、交流参数与极限参数三种。

1）直流参数

晶体管的直流参数主要有共发射极直流放大系数、集电极—基极反向饱和电流 I_{CEO} 和集电极—发射极反向饱和电流 I_{CBO}。

I_{CBO} 和 I_{CEO} 受温度的影响较大,当温度升高时,它们将增大,特别是锗管受温度的影响更大。这两个反向截止电流表征了晶体管的热稳定性,反向截止电流越小,晶体管的热稳定性越好。

2）交流参数

晶体管的交流参数主要有共发射极交流电流放大系数 β(或 h_{fe})、共基极电流放大系数 α(或 h_{fb})和特征频率 f_T。

交流电流放大系数表征了晶体管的电流放大能力，是晶体管的重要参数。特征频率反映了信号的频率对晶体管放大倍数的影响，在实际使用时应考虑。

3）极限参数

当晶体管工作时的电压或电流超过一定限制(极限)时，轻则影响其正常工作，严重时将损坏晶体管。

晶体管的极限参数有集电极最大允许电流 I_{CM}、集电极—发射极反向击穿电压 $U_{(BR)CEO}$和集电极最大允许功耗 P_{CM}。

5. 晶体管的识别、检测

1）晶体管的管型和电极识别

所谓管型识别，是指识别管子是 PNP 型还是 NPN 型，是硅管还是锗管，是高频管还是低频管。电极识别，是指分辨出晶体管的 e、b、c 极。

(1) 判断基极选用万用表 $R\times1$k 挡，用万用表的两支表笔测量晶体管三个引脚的正、反向电阻，共有 6 种情况。在这 6 种情况中，有两次指针偏转较大，阻值较小，观察这两次的情况，同一颜色表笔所接的引脚为基极。

(2) 管型判断是在基极判断的基础之上，根据基极上表笔的颜色来完成的。若为黑表笔，则该管为 NPN 型；若为红表笔，则该管为 PNP 型。

(3) 集电极判断：在找出基极 b 之后，只要再找出集电极 c，剩下的一只引脚就是发射极 e 了。以 NPN 型晶体管为例，具体操作如下所述。

对于除基极外的两个引脚，先任意假定某一引脚为 c，用手指捏住假定的 c 和 b，选用 $R\times1$k(或 $R\times10$k)挡，将万用表的黑表笔(若为 PNP 型管则改为红表笔)放在假定的 c 上，红表笔(若为 PNP 型管，则改为黑表笔)放在 e 上，如图 5-2-4 所示，观察指针偏转情况；再假定另一引脚为 c，重复上述过程，观察指针偏转情况。两次假设中，偏转角度大的那次假定的 c 是正确的。

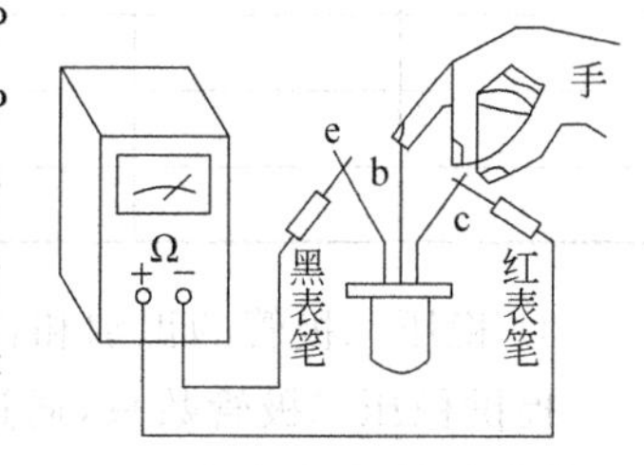

图 5-2-4　晶体管集电极判断

2）晶体管质量检测

晶体管的故障主要有断路故障(c—e 间、c—b 间、b—e 间，但主要是 b—e 间断路)、击穿故障(主要是 c—e 间击穿)、噪声大、性能变差(I_{CEO}增大，β变小)等。可以用万用表 $R\times100$ 或 $R\times1$k 挡测量晶体管集电极、发射极以及集电极与发射极之间的正、反向电阻值的大小，初步判断晶体管质量的好坏，R_{eb}、R_{cb}应满足正向导通反向截止的特性，而 R_{ec}的值应满足正、反向电阻均为无穷大的要求。

任务实施

1. 工作准备

二极管若干,稳压二极管若干,晶体管若干,万用表若干。

2. 二极管的识别与检测

1) 二极管的识别

根据所给二极管的型号,通过查阅工具书,找出该型号二极管的相关参数、所用材料及用途并填入表 5-2-3。

表 5-2-3 二极管的识别

型号	主要参数			材料	用途
	额定电流	最高反压	反向电流		

2) 二极管的检测

分别用万用表两种不同的电阻挡检测各二极管的质量,将数据填入表 5-2-4。

表 5-2-4 二极管的检测

序号	型号	$R\times1k$ 挡		$R\times100$ 挡		合格否
		正向电阻	反向电阻	正向电阻	反向电阻	

3) 稳压二极管的识别和检测

提供稳压二极管数只,通过查阅工具书,找出不同稳压二极管的相关参数并检测其质量,将数据填入表 5-2-5。

表 5-2-5 稳压二极管性能检测

型号	主要参数		测量数据			合格否
	稳定电流	稳定电压	正向电阻	反向电阻	测量挡位	

4）发光二极管的识别和检测

提供发光二极管数只，通过查阅工具书，找出不同发光二极管的相关参数并检测其质量，将数据填入表5-2-6。

表5-2-6　发光二极管性能检测

型号	主要参数		测量数据			合格否	引脚图
	额定电流	额定电压	正向电阻	反向电阻	测量挡位		

3. 晶体管的识别与检测

1）晶体管识别

提供不同类型晶体管数只，通过查阅工具书，找出各晶体管的相关参数、材料、类型及用途并将数据填入表5-2-7。

表5-2-7　晶体管的识别

序号	型号	管型	材料	主要用途
1				
2				
3				
4				
5				

2）晶体管检测

提供不同类型晶体管数只，对各晶体管进行检测，将结果填入表5-2-8。

表5-2-8　晶体管的检测数据

序号	型号	万用表选挡	R_{be}		R_{bc}		R_{ce}		管型	引脚图	合格否
			正向	反向	正向	反向	正向	反向			
1											
2											
3											
4											
5											

3）晶体管引脚与管型判断

用万用表判别晶体管的引脚和管型，画出引脚示意图，并标出管型，将数据记录于表5-2-9中。

表 5-2-9 晶体管引脚及管型的判断

型号	9012	9013	9018	8050	8550	1815
引脚示意图						
管型						

4. 检测评价

评价标准与要求如表 5-2-10 所示。

表 5-2-10 评分标准

序号	考核内容及要求	配分	评分标准	扣分	得分
1	根据二极管的型号,正确识别其极性、材料、类型、主要参数	15	(1) 名称写错或漏写,扣 3 分 (2) 不了解极性、材料、类型及用途,扣 3 分 (3) 参数不明确,扣 2 分 (4) 不会识别,每件扣 5 分		
2	能识别稳压二极管、发光二极管的引脚极性,画出电气符号	15	(1) 不会画电气符号,每件扣 2 分 (2) 不会直观识别引脚极性,每件扣 2 分		
3	正确使用万用表判别二极管管型及质量好坏;会测正、反向电阻	15	(1) 万用表使用不正确,每步扣 3 分 (2) 不会判别管型及质量好坏,每件扣 5 分 (3) 不会测正、反向电阻,每步扣 3 分		
4	根据型号正确识别晶体管极性、材料、类型、主要参数及引脚极性,画出电气符号	20	(1) 名称写错或漏写,扣 3 分 (2) 不了解其材料、类型及用途,扣 5 分 (3) 不会识读规格、型号,扣 2 分 (4) 不会画电气符号,每件扣 2 分		
5	正确使用万用表判别晶体管引脚极性、管型、材料及质量好坏	25	(1) 万用表使用不正确,每步扣 3 分 (2) 不会判别引脚极性,每件扣 5 分 (3) 不会判别管型及质量好坏,每件扣 5 分 (4) 不会检测主要参数,每项扣 3 分		
6	安全文明操作	10	损坏仪器设备,将该项扣完;桌面不整洁,扣 5 分;仪器、工具摆放凌乱,扣 5 分;发生重大安全事故,总分记 0 分		
时间:1 小时			成绩:		

知识拓展

晶体管的选用原则

选用晶体管时,一要满足设备及电路要求;二要符合节约原则。根据用途的不同,一般应考虑以下主要因素:频率、集电极最大允许功率、电流放大系数、反向击穿电压、稳定性和饱和压降等。具体选用原则如下所述。

(1) 晶体管的特征频率 f_T 为工作频率的 3～10 倍。低频管的 f_T 一般小于 2.5MHz,高频管的 f_T 从 3MHz 到几百兆赫。原则上讲,高频管可以代替低频管,但是高频管的功率一般都比较小,动态范围窄,在代替时应注意功率条件。

(2) 晶体管的β值选用要合理。β太高，容易引起自激振荡，并且工作稳定性变差，受温度影响严重；β太低，会降低放大能力。通常β值选在40～100。

(3) 选用的管子集电极—发射极反向击穿电压$U_{(BR)CEO}$应比电源电压高，一般是工作电压的2倍。此外，管子的穿透电流I_{CEO}越小，对温度的稳定性越好。硅管的稳定性比锗管好得多，但硅管的饱和压降比锗管大，应根据电路的具体情况选用。选用晶体管的允许功率也应根据电路的要求，留有一定余量。

(4) 对于高频放大、中频放大、振荡器等电路用的晶体管，除选用特征频率f_T较高的管子外，还应使管子的极间电容较小，方可保证在高频情况下仍有较高的功率增益和稳定性。

思考与练习

1. 检测二极管单向导电性时，对于不同功率的二极管，选用的电阻挡相同吗？
2. 到电子城参观，了解常用半导体材料的外形、结构和参数。

任务5.3 识别与测量电容器

任务分析

在直流电路中，电容器相当于断路。电容器是一种能够存储电荷的元件，也是最常用的电子元件之一。在认识与学习电阻之后，本次任务中，一是通过观察，熟悉电容器的常用标注方法；二是用万用表检测电容器，并判断其好坏。

相关知识

电容器在电子线路中常用来隔直流、耦合交流、旁路滤波、定时等。常用的电容器如图5-3-1所示。

1. 电容器的分类和参数

电容器按材料划分，主要有电解电容器、钽电容器、涤纶电容器、陶瓷电容器、独石电容器等；根据有无极性，分为有极性电容器和无极性电容器；根据容量是否可调，分为固定电容器和可调电容器。

电容器的参数主要有标称容量、允许偏差、额定直流工作电压等。

1) 标称电容量和允许偏差

标称电容量是标志在电容器上的电容量。

电容器实际电容量与标称电容量的偏差称为误差，允许的偏差范围称为精度。

精度等级与允许误差的对应关系为：00(01)—±1%，0(02)—±2%，Ⅰ—±5%，Ⅱ—

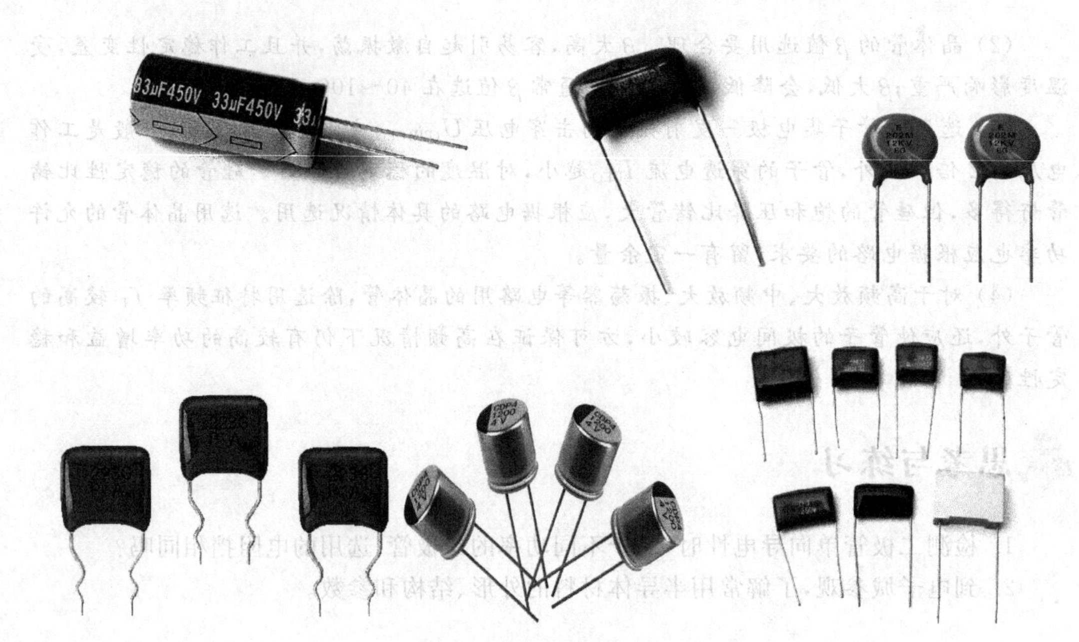

图 5-3-1　常用的电容器

±10%，Ⅲ—±20%，Ⅳ—(－10%～＋20%)，Ⅴ—(－20%～＋50%)，Ⅵ—(－30%～＋50%)。

一般电容器常用Ⅰ、Ⅱ、Ⅲ级，电解电容器用Ⅳ、Ⅴ、Ⅵ级。根据用途选取。

2）额定电压

额定电压是在最低环境温度和额定环境温度下可连续加在电容器上的最高直流电压有效值，一般直接标注在电容器外壳上。如果工作电压超过电容器的耐压，电容器将击穿，造成不可修复的永久损坏。

3）绝缘电阻

直流电压加在电容上，并产生漏电电流，两者之比称为绝缘电阻。

当电容较小时，主要取决于电容的表面状态；容量＞0.1μF 时，主要取决于介质的性能，绝缘电阻越大越好。

4）损耗

电容在电场作用下，在单位时间内因发热所消耗的能量叫做损耗。各类电容都规定了其在某频率范围内的损耗允许值。电容的损耗主要是由介质损耗、电导损耗和电容所有金属部分的电阻引起的。

在直流电场的作用下，电容器的损耗以漏导损耗的形式存在，一般较小。在交变电场的作用下，电容的损耗不仅与漏导有关，而且与周期性的极化建立过程有关。

5）频率特性

随着频率上升，一般电容器的电容量呈现下降的规律。大电容工作在低频电路中的阻抗较小，小电容比较适合工作在高频环境中。

2. 电容器的参数识别方法

1）直标法

直标法是指在电容器的表面直接用数字和单位符号或字母标注出标称容量和耐压等。

例如，某电容器上标有"CD-1，2200μF，35V"，表示这是一个铝电解电容器，标称容量为2200μF，耐压为35V。

某电容器上标有"CA1-1，2.2±5%，DC63V"，表示这是一个钽电解电容器，标称容量为2.2μF，允许误差为±5%，直流耐压为63V。

2）数字加字母标注法

数字加字母标注法是指用数字和字母有规律的组合来表示容量。字母既表示小数点，又表示后缀单位。

例如，p10表示0.1pF，1p0表示1pF，6p8表示6.8pF，2μ2表示2.2μF，7p5表示7.5pF，2n2表示2.2nF，8n2表示8.2nF。

3）数码标注法

数码标注法多用于非电解电容器的标注，它采用3位数标注和4位数标注。

(1) 3位数标注法：采用3位数标注的电容器，前两位数字表示标称值的有效数字，第三位表示有效数字后缀零的个数，单位是pF。这种标注法中有一个特殊的，就是当第三位数字是9时，它表示有效数字乘以10^{-1}。

例如，10^2表示标称容量是1000pF，即1nF；473表示标称容量是47000pF，即47nF；479表示标称容量是4.7pF。

(2) 4位数标注法：采用4位数标注的电容器，不标注单位。这种标注方法是用1～4位数字表示电容量，其容量单位是pF；若用0.0X或0.X，其单位为μF。

例如，47表示标称容量是47pF；0.56表示标称容量是0.56μF。

采用数码标注的，有些后面还有字母，表示允许误差。识别方法如下：

D—±0.5%，　F—±1%，　G—±2%

J—±5%，　K—10%，　M—±20%

例如，223J表示标称容量是22000pF，误差为±5%。

3. 用万用表检测电容器

电容器常见故障有击穿、断路、漏电和失效（容量减少）等，因此使用前必须认真检测。

1）非电解电容器的检测

(1) 10pF以下小电容器的检测。由于10pF以下的小电容器容量太小，用万用表无法观察电容器的充电现象，只能用万用表定性地检查电容是否漏电、击穿等。用万用表的$R\times10$k挡，测量电容器两引脚之间的阻值，阻值应无穷大。若为零，说明漏电或击穿。

(2) 容量在10pF～0.01μF的固定电容器（小容量电容器）的检测。可用万用表$R\times1$k挡检测电容器是否有充电现象，从而判断其好坏。为了使现象更明显，可用两只大容量值的同型号晶体管9013构成复合管，将被测电容器接于复合管的基极b与集电极c之间，然后将万用表的红、黑表笔分别与复合管的发射极 e 和集电极 c 相接。利用复合管的放大作用，放大电容器的充电电流，增大万用表指针的摆幅。

(3) 容量在 0.01μF 以上的固定电容器（大容量电容器）的检测。

对于容量在 0.01μF 以上的固定电容器，可用万用表 $R\times10\text{k}$ 挡来观测电容器的充电现象。

将万用表的红、黑表笔分别接电容器两个引脚，若接通瞬间指针先向右摆动，然后返回至∞处，说明电容器良好，且摆幅越大，容量越大；若接通瞬间，表针不摆动，说明电容器失效或断路；若指针先向右偏转，但不返回，说明电容器已击穿（短路）或严重漏电；若表针摆动正常，但不能返回至∞处，说明电容器存在漏电现象。

2) 电解电容器的检测

电解电容器与普通小容量电容器的不同主要体现在两个方面：一是电解电容器有正、负极性之分；二是电解电容器容量大、误差大、漏电流大。

电解电容器的故障发生率比较高，其主要故障有击穿、漏电、失效（容量减小）、断路及爆炸等。电解电容器的检测方法与大容量固定电容器的检测方法类似，不同之处在于：由于电解电容器是有极性的，故用指针式万用表观察充电现象时应使黑表笔接正极，红表笔接负极。

对于已失去标志的电容器，还应该进行极性判别，方法如下：先假定任意引脚为正极，观察充电现象并记住表针最后停留的位置；然后两支表笔对调再测一次，观察并记住表针最后停留的位置。两次测量中，表针最后停留时偏转幅度小的那次，说明漏电阻较大，与黑表笔相连的为电容器正极。

任务实施

1. 工作准备

电解电容器若干，非电解电容器若干，万用表 1 只。

2. 电容器的识别与检测

提供不同类型的电容 5 只，要求在规定的时间内，正确识读各电容器的参数，并用万用表检测电容器的质量，将结果填入表 5-3-1。

表 5-3-1 电容器的识别与检测

序号	识别				质量检测		
	壳体标注	介质	标称容量	耐压	漏电阻	测量挡位	正常否
1							
2							
3							
4							
5							

3. 检测评价

评价标准及要求如表 5-3-2 所示。

表 5-3-2　评价标准

序号	考核内容及要求	配分	评 分 标 准	扣分	得分
1	能正确识别各种类型电容器的容量、耐压值、允许误差、介质以及电解电容极性等	50	对于 5 只电容器，每只参数全对，得 10 分		
2	能正确利用万用表测量电容器的好坏	30	不会使用或检测方法不正确，扣 30 分		
3	安全文明操作	20	损坏仪器设备，将该项扣完；桌面不整洁，扣 10 分；仪器、工具摆放凌乱，扣 10 分；发生重大安全事故，总分记 0 分		
时间：0.5 小时			成绩：		

知识拓展

电容器的选用

1. 电容器耐压的选择

电容器的额定电压应高于实际工作电压 10%～20%；对于工作电压稳定性较差的电路，可留有更大的余量，以确保电容器不被损坏或击穿。但耐压不是越大越好，除了经济、外形约束外，对电解电容器而言，高耐压电容用于低耐压电容电路中，额定电容量会减小。例如，在 5V 电源电路中用 50V 额定电压的电容器，其电容量约减少一半。

2. 容量误差的选择

业余的小制作一般不考虑电容器的容量误差；对于振荡、延时电路，电容容量误差应尽可能小，一般小于 5%；用于低频耦合电路的电容器，其误差可以大些，一般选 10%～20%就能满足要求。

3. 电容器的代用

在选购时，可能买不到所需型号或所需容量的电容器，或在维修时手头有的与所需的不相符合，这时要考虑代用。代用的原则是：电容器的容量基本相同；电容器的耐压值不低于原电容器的耐压值；对于旁路电容、耦合电容，可选择比原电容量大的电容器代用；在高频电路中的电容器，代用时一定要考虑频率特性，应满足电路的频率要求。

思考与练习

1. 电解电容器的主要参数有哪些？怎么判断其性能？在电容器代用时应考虑哪些因素？
2. 到电子城参观，了解常用电容器的外形、结构和参数。

项目 6

电信号的测量

项目分析

电信号是指随着时间而变化的电压或电流，因此在数学描述上将它表示为时间的函数，并可画出其波形。电信号的测量包括电信号的波形、频率、周期、相位、失真度、调幅度、调频指数及数字信号的逻辑状态等的测量。常用的测量仪器有电子电压表、函数信号发生器、示波器和频率计等。本项目主要学习电信号测量仪器的基本使用方法。

任务 6.1 用信号发生器测量电信号

任务分析

信号发生器是指产生所需参数的电测试信号的仪器。按信号波形，分为正弦信号发生器、函数（波形）信号发生器、脉冲信号发生器和随机信号发生器四大类。函数信号发生器是电子设计以及教学、科研中应用最广泛的仪器之一。如果能用相对简单的实现方式和较少的成本产生具有优秀稳定度和精确度的常用波形，将使该类信号发生器得到广泛的应用。

相关知识

信号发生器又称信号源或振荡器，在生产实践和科技领域中有着广泛的应用。能够产生多种波形的信号发生器，如产生三角波、锯齿波、矩形波（含方波）、正弦波的信号发生器称为函数信号发生器。

1. 信号发生器的组成

信号发生器也称信号源，是用来产生振荡信号的一种仪器，为使用者提供需要的稳定、可信的参考信号，并且信号的特征参数完全可控。

信号发生器主要由振荡器、变换器、电源、输出级和指示器等几部分组成，如图 6-1-1 所示。

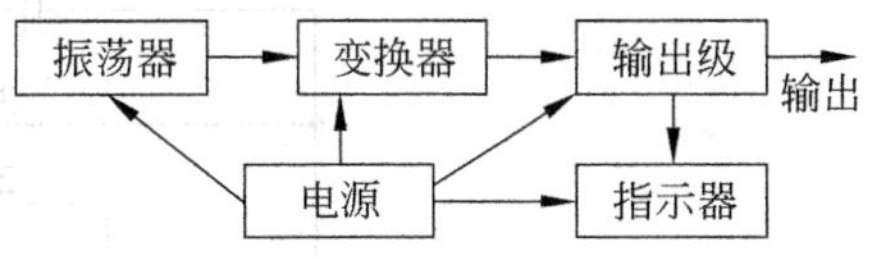

图 6-1-1 信号发生器的组成框图

1）高频信号发生器

主要由主振级、缓冲级、调制级、输出级、衰减器、内调制振荡器、调频器、监测电路、电源供给等几部分组成，如图 6-1-2 所示。

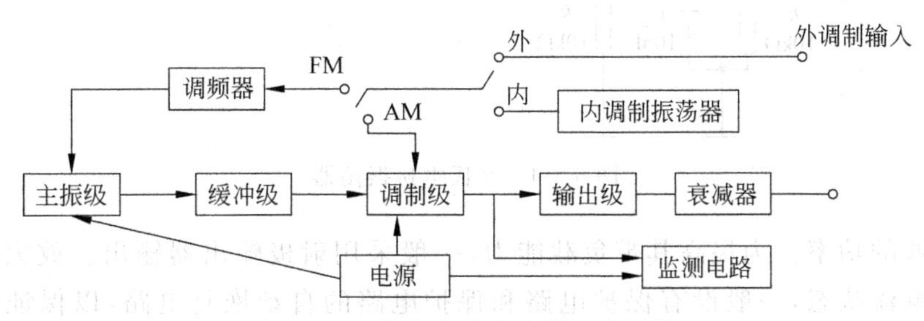

图 6-1-2 高频信号发生器组成框图

对于频率为 100kHz～30MHz 的高频信号发生器以及 30～300MHz 的甚高频信号发生器，一般采用 LC 调谐式振荡器，频率可由调谐电容器的刻度盘读出，主要用于测量接收机的技术指标。输出信号可用内部或外加的低频正弦信号调幅或调频，使输出载频电压能够衰减到 1μV 以下。它的输出信号电平能准确读数，所加的调幅度或频偏也能用电表读出。此外，仪器还有防止信号泄漏的良好屏蔽。

2）低频信号发生器

主要由振荡器、电压放大器、功率放大器、输出级和指示电压表、电源等几部分组成，如图 6-1-3 所示。

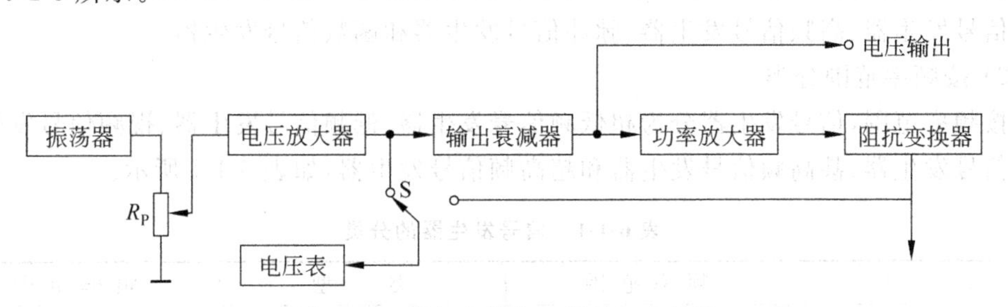

图 6-1-3 低频信号发生器的组成框图

（1）振荡器：产生低频正弦信号，其振荡频率范围即为信号发生器的频率范围。图 6-1-4 所示为文氏电桥振荡器。

（2）电压放大器：其特点是缓冲，起电压放大的作用。

缓冲是为了隔离后级电路对主振器的影响，保证主振频率稳定，一般采用射极跟随器或运放组成的电压跟随器。

放大是为了使信号发生器的输出电压达到预定技术指标，要求其频带宽、谐波失真小、工作稳定等。

（3）功率放大器：功率放大器在低频信号发生器中的作用是提供给负载不失真的

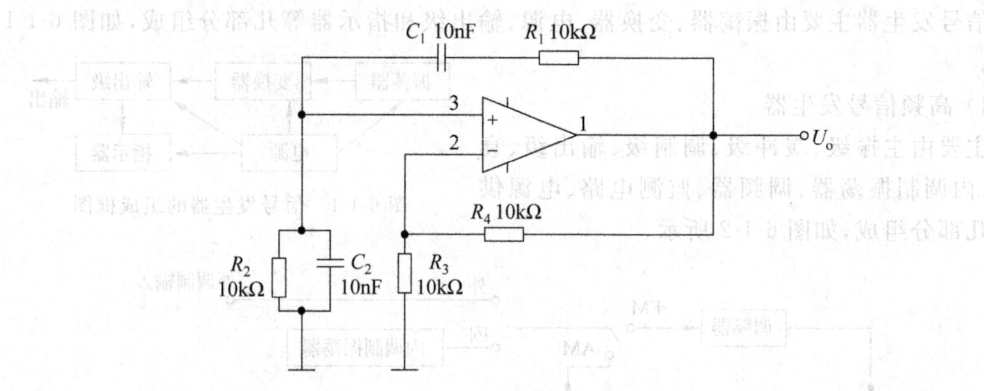

图 6-1-4 文氏电桥振荡器

信号和足够的功率。为提高其带负载能力，一般采用射极输出器输出。放大器工作于高电压大电流状态，一般设有保护电路和保护电路的自动恢复电路，以保证仪器的使用安全。

(4) 输出级和指示电压表：输出级是由衰减器将输出信号幅度调节到所需的数值。低频信号发生器的输出信号调节一般同时采用连续调节和步进调节。电压表可以指示出信号电压的大小。

(5) 电源：振荡器和功率放大器使用 40V 直流稳压电源。

2. 信号发生器的分类

1) 按用途分类

信号发生器按用途分为专用信号发生器和通用信号发生器。通用信号发生器又分为低频信号发生器、高频信号发生器、脉冲信号发生器和函数信号发生器。

2) 按频率范围分类

按频率范围，信号发生器分为超低频信号发生器、低频信号发生器、视频信号发生器、高频信号发生器、甚高频信号发生器和超高频信号发生器，如表 6-1-1 所示。

表 6-1-1 信号发生器的分类

类　型	频率范围	类　型	频率范围
超低频信号发生器	0.001Hz～1kHz	高频信号发生器	100kHz～30MHz
低频信号发生器	1Hz～1MHz	甚高频信号发生器	4～300MHz
视频信号发生器	20Hz～10MHz	超高频信号发生器	300MHz 以上

3) 按输出信号波形分类

按输出信号波形，分为正弦信号发生器、矩形信号发生器、脉冲信号发生器、三角波信号发生器、钟形脉冲信号发生器、噪声信号发生器、电视信号发生器和调频立体声信号发生器。

4) 按调制方式分类

按调制方式，分为调频信号发生器、调幅信号发生器和脉冲信号发生器。

3. 信号发生器的主要技术性能

1）频率特性

（1）有效频率范围：各项指标均得到保证的输出频率范围称为信号发生器的有效频率范围。

（2）频率准确度：

$$a=\frac{f_x-f_0}{f_0}=\frac{\Delta f}{f_0}$$

式中：f_x 表示频率的实际值；f_0 表示标称值。

（3）频率稳定度：衡量在一定的时间间隔内频率的相对变化。

2）输出特性

输出特性主要包括输出阻抗、输出电平、输出波形、平坦度和谐波失真。

3）调制特性

调制特性分为调幅、调频和调相三种。

4. XD2 型低频信号发生器面板结构

XD2 型低频信号发生器面板结构如图 6-1-5 所示。

图 6-1-5　XD2 型低频信号发生器面板结构

（1）电源开关：将电源开关按键弹出，即为“关”位置。接入电源线，然后按电源开关，接通电源。

（2）LED 显示窗口：此窗口指示输出信号的频率。当“外测”开关按下时，显示外测信号的频率。若超出测量范围，“溢出”指示灯亮。

（3）频率调节旋钮(FREQUENCY)：调节此旋钮改变输出信号频率，微调旋钮可微调频率。

（4）占空比(DUTY)开关及占空比调节旋钮：将占空比开关按下，占空比指示灯亮；调节占空比旋钮，可改变波形的占空比。

占空比是指正、负值占时间的多少。

（5）波形选择开关(WAVE FORM)：按对应波形的某一键，可选择需要的波形。

（6）衰减开关(ATTE)：即电压输出衰减开关，二挡开关组合为 20dB、40dB、60dB。

(7) 频率范围选择开关(频率计闸门开关)：根据需要的频率，按其中一键。

(8) 复位开关：按计数键，LED显示开始计数；按复位键，LED显示全为“0”。

(9) 计数/频率端口：计数、外测频率输入端口。

(10) 外测频率开关：此开关按下，LED显示窗口显示外测信号频率或计数值。

(11) 电平调节：按下电平调节开关，电平指示灯亮，此时调节电平调节旋钮，可改变直流偏置电平。

(12) 幅度调节旋钮(AMPLITUDE)：顺时针调节此旋钮，增大电压输出幅度；逆时针调节此旋钮，可减小电压输出幅度。

(13) 电压输出端口(VOLTAGE OUT)：电压由此端口输出。

(14) TTL/CMOS输出端口：由此端口输出TTL/CMOS信号。

(15) VCF：由此端口输入电压控制频率变化。

(16) 扫频：按下扫频开关，电压输出端口输出的信号为扫频信号。调节速率旋钮，可改变扫频速率；改变线性/对数开关，可产生线性扫频和对数扫频。

(17) 电压输出指示：3位LED显示输出电压值。输出接50Ω负载时，应将读数除以2。

(18) 50Hz正弦波输出端口：50Hz的$2V_{p\text{-}p}$正弦波由此端口输出。

5. 信号发生器的应用

1) 用信号发生器产生信号

(1) 波形选择：选择“～”键，输出正弦波信号。

(2) 频率选择：选择“kHz”键，输出信号频率以kHz为单位。

必须说明的是：调节信号发生器测频电路时，按键和旋钮要求缓慢调节；信号发生器本身能显示输出信号的值，当输出电压不符合要求时，需要另配交流毫伏表测量输出电压，选择不同的衰减量，配合调节输出正弦信号的幅度，直到输出电压达到要求。

若要观察输出信号波形，将信号输入示波器。若需要输出其他信号，参考上述步骤操作。

2) 用信号发生器测量电子电路的灵敏度

用信号发生器发出与电子电路相同模式的信号，然后逐渐减小输出信号的幅度(强度)，同时监测输出的水平。当电子电路输出有效信号与噪声的比例劣化到一定程度时(一般灵敏度测试信噪比标准$S/N=12\text{dB}$)，信号发生器输出的电平数值就等于所测电子电路的灵敏度。在此测试中，信号发生器模拟了信号，而且模拟的信号强度是可以人为控制、调节的。

用信号发生器测量电子电路的灵敏度时，标准的连接方法是：信号发生器信号的输出端通过电缆接到电子电路的输入端，电子电路的输出端连接到示波器的输入端。

3) 用信号发生器测量电子电路的通道故障

信号发生器可以用来查找通道故障。其基本原理是：由前级往后级，逐一测量接收通路中的每一级放大电路和滤波器，找出哪一级放大电路没有达到设计应有的放大量，或者哪一级滤波电路衰减过大。信号发生器在此扮演的是标准信号源的角色。信号源在输入端输入一个已知幅度的信号，然后通过超电压表或者频率足够高的示波器，从输入端口逐级测量增益情况，找出增益异常的单元，再进一步细查，最后确诊存在故障的零部件。

信号发生器可以用来调测滤波器。调测滤波器的理想仪器是网络分析仪和扫频仪，其主要功能部件之一就是信号发生器。在没有这些高级仪器的情况下，信号发生器配合高频电压测量工具，如超高频毫伏表、频率足够高的示波器、测量接收机等，也能勉强调试滤波器，其基本原理是测量滤波器带通频段内、外对信号的衰减情况。信号发生器在此扮演的是标准信号源的角色，信号发生器产生一个相对比较强的已知频率和幅度信号，从滤波器或者双工器的 INPUT 端输入，测量输出端信号的衰减情况。带通滤波器要求带内衰减尽量小，带外衰减尽量大，而陷波器正好相反，陷波频点衰减越大越好。因为普通的信号发生器都是固定单点频率发射的，所以调测滤波器需要采用多个测试点来“统调”。如果有扫频信号源和配套的频谱仪，就能图示化地看到滤波器的全面频率特性，调试起来极为方便。

任务实施

1. 准备工作

XD2 型低频信号发生器 1 台，DA-16 晶体管毫伏表 1 台，XC4320 型双踪示波器 1 台，低频放大电路板 1 块，开关 1 个，单相电源 1 处。

2. 工作过程

1）信号发生器的基本操作方法

(1) 将电源线接到 220V，50Hz 交流电源上。注意，三芯电源插座的地线脚应与大地妥善接好，避免干扰。

(2) 开机前，把面板上的各输出旋扭旋至最小。

(3) 为了得到足够的频率稳定度，需预热。

(4) 频率调节：按下相应的按键，再调节至所需要的频率。

(5) 波形转换：根据需要的波形种类，按下相应的波形键位。波形选择键是正弦波、矩形波、尖脉冲、TTL 电平。

(6) 幅度调节：正弦波与脉冲波幅度分别由正弦波幅度和脉冲波幅度调节。不要做人为的频繁短路实验。

(7) 输出选择：根据需要选择“ON/OFF”键，否则没有输出。

2）测量电信号

用 XD2 低频信号发生器产生频率为 1kHz、峰—峰值为 2V 的正弦波和三角波。向图 6-1-6 所示的电路输入一个峰—峰值为 0.1V，频率为 1kHz 的交流信号，观察其输出波形并测量波形的峰—峰值。

3. 检测评价

评分标准如表 6-1-2 所示。

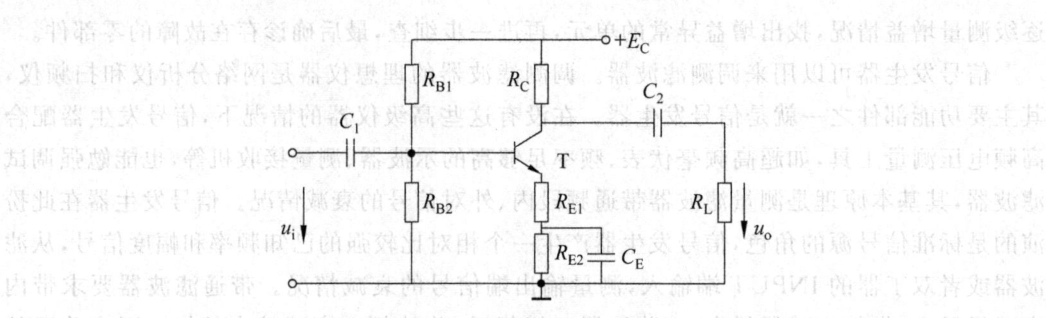

图 6-1-6　基本放大电路

表 6-1-2　评分标准

序号	项目内容	配分	评分标准	扣分	得分
1	仪表接线	10	接线错误，扣 10 分		
2	仪器测量挡位选择	30	波段开关选择错误，扣 10 分		
3	测量读数	50	每读错一处，扣 5 分		
4	安全操作	10	违反操作规程，每项扣 1 分，扣完为止		
时间：1 小时			成绩：		

知识拓展

函数发生器

1. 函数发生器的组成

函数发生器又称波形发生器，它能产生某些特定的周期性时间函数波形（主要是正弦波、方波、三角波、锯齿波和脉冲波等）信号。频率范围从几毫赫甚至几微赫的超低频，直到几十兆赫。除供通信、仪表和自动控制系统测试应用外，还广泛用于其他非电测量领域。

2. 使用说明

1）前面板说明（见图 6-1-7）

① 电源开关[POWER]：按下此开关，机内 220V 交流电压接通，电路开始工作。

② 频率挡位指示灯：表示输出频率所在挡位的倍率。

③ 频率挡位换挡键[RANGE]：按动此键，可将输出频率升高或降低 1 个倍频程。

④ 频率微调旋钮[FREQ]：调节电位器，可在每个挡位内微调频率。

⑤ 输出波形指示灯：表示函数输出的基本波形。

⑥ 波形选择按键[WAVE]：按动此键，可依次选择输出信号的波形，与之对应的输出波形指示灯点亮。

⑦ 衰减量程指示灯：表示函数输出信号的衰减量。

⑧ 衰减选择按键[ATT]：按动此键，可使函数输出信号幅度衰减 0dB、20dB

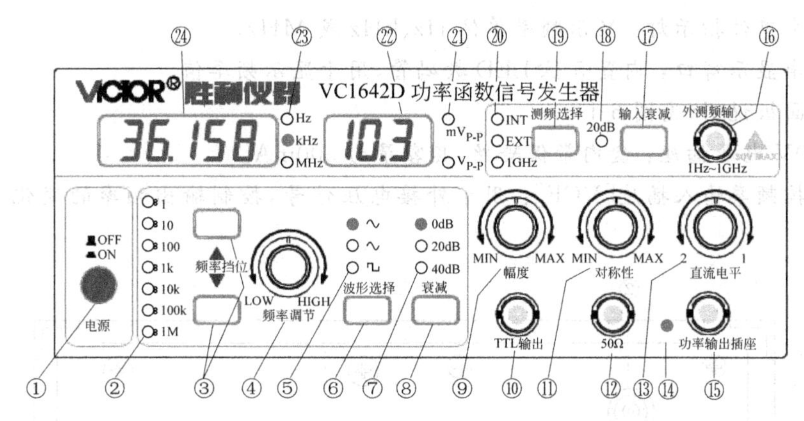

图 6-1-7　VC1642D 功率函数信号发生器前面板

或 40dB。

⑨ 输出幅度调节旋钮[AMPL]：调节此电位器，可改变函数输出和功率输出的幅度。

⑩ TTL 输出插座[TTL]：此端口输出与函数输出同频率的 TTL 电平的同步方波信号。

⑪ 对称性(占空比)调节旋钮[DUTY]：调节此电位器，可改变输出波形的对称度。

⑫ 函数输出插座[50Ω]：函数信号的输出口，输出阻抗 50Ω，具有过压、回输保护功能。

⑬ 直流抵补(直流偏置)调节旋钮[DC OFFSET]：调节此电位器，可改变输出信号的直流分量。

⑭ 功率输出指示灯：当频率挡位在 1～6 挡有功率输出时，此灯点亮。

⑮ 功率输出插座[POW OUT]：功率信号输出口。在 200kHz 以下，输出功率最大可达 5W，具有过压、回输保护功能。

⑯ 外部测频输入插座[INPUT]：当仪器进入外测频状态时，该输入端口的信号频率将显示在频率显示窗中。

⑰ 外测频输入衰减键[ATT]：外测频信号输入衰减选择开关，对输入信号有 20dB 衰减量。

⑱ 外测频输入衰减指示灯：指示灯亮起，表示外测频输入信号被衰减 20dB，灯灭，则不衰减。

⑲ 频率显示窗口功能选择按键[FUN]：按动此键，可依次选择内测频、外测频、外测高频功能。

⑳ 频率显示窗口功能指示灯：表示频率显示窗口功能所处状态。“INT”表示内测频，频率显示窗显示当前函数输出的频率；“EXT”表示外测频，频率显示窗显示外测信号的频率，此灯单独亮，表示其测量范围为 1Hz～10MHz；“1GHz”表示外测高频，“EXT”同时点亮，这时测量范围为 10～1000MHz。

㉑ 幅度单位指示灯：显示幅度单位 V_{P-P} 或 mV_{P-P}。

㉒ 幅度显示窗口：内置 3 位 LED 数码管，用于显示输出幅度值。

㉓ 频率单位指示灯：显示频率单位 Hz、kHz 或 MHz。

㉔ 频率显示窗口：内置 5 位 LED 数码管，用于显示频率值。

2）后面板说明（见图 6-1-8）

① 220V 电源插座：盒内带保险丝，其容量为 500mA。

② 压控频率输入插座[VCF]：用于外接电压信号，控制输出频率的变化，用于扫频和调频。

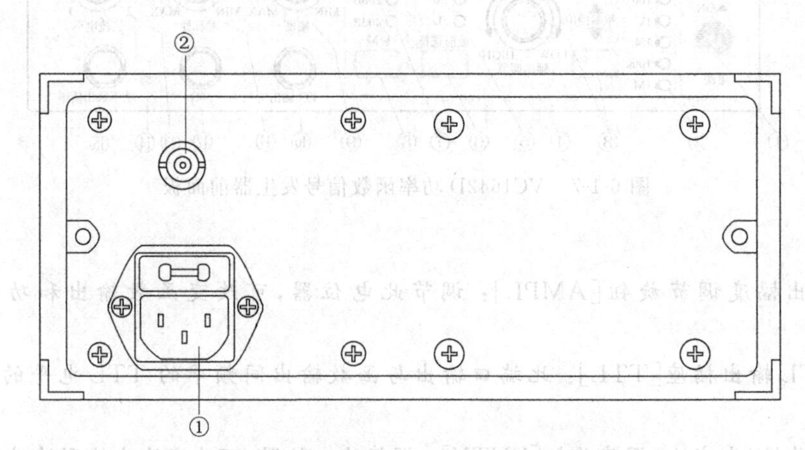

图 6-1-8 VC1642D 功率函数信号发生器后面板

3. 操作步骤

1）使用前注意事项

使用前，请先检查电源电压是否为 220V，正确后方可将电源线插头插入本仪器后面板的电源插座。插入 220V 交流电源线后，按下面板上的电源开关，频率显示窗口显示"1642"，整机开始工作。为了得到更好的使用效果，建议开机预热 30 分钟后再使用。

2）函数信号输出（见图 6-1-7）

（1）频率设置：按动频率挡位换挡键[RANGE]③，选定输出函数信号的频段，再调节频率微调旋钮[FREQ]④至所需频率。调节时，可通过观察频率显示窗口得知输出频率。

（2）波形设置：按动波形选择按键[WAVE]⑥，可依次选择正弦波、矩形波或三角波。

（3）幅度设置：调节输出幅度调节旋钮[AMPL]⑨，通过观察幅度显示窗口，调节到所需的信号幅度。若所需信号幅度较小，可按动衰减选择按键[ATT]⑧来衰减信号幅度。

（4）对称性设置：调节对称性（占空比）调节旋钮[DUTY]⑪，使输出的函数信号对称度发生改变。通过调节，可改善正弦波的失真度，使三角波调频变为锯齿波，改变矩形波的占空比等对称特性。

（5）直流偏置设置：通过调节直流抵补（直流偏置）调节旋钮[DC OFFSET]⑬，使输出信号中加入直流分量。通过调节，可改变输出信号的电平范围。

（6）TTL 信号输出：由 TTL 输出插座[TTL]⑩输出的信号是与函数信号输出频率一致的同步标准 TTL 电平信号。

（7）功率信号输出：由功率输出插座[POW OUT]⑮输出的信号是与函数信号输出

完全一致的信号。当频率在0.6Hz～200kHz范围内时，可提供5W输出功率。若频率在第7挡，功率输出信号自动关断。

(8) 保护说明：当函数信号输出或功率信号输出接上负载后，出现无输出信号，说明负载上有高压信号或负载短路，机器自动保护。排除故障后，仪器自动恢复正常工作。

3) 频率测量(见图6-1-7)

(1) 内测量：按动计数器功能选择按键[FUN]⑲，选择到内测频状态。此时"INT"指示灯⑳亮起，表示计数器进入内测频状态，频率显示窗口㉔中显示的是本仪器函数信号输出的频率。

(2) 外测量：外测量频率时，分1Hz～10MHz和10～1000MHz两个量程。按动计数器功能选择按键⑲，选择到外测频状态。"EXT"指示灯⑳亮起，表示外测频，测量范围为1Hz～10MHz；"EXT"与"1GHz"指示灯⑳同时亮起，表示外测高频率，测量范围为10～1000MHz。测量结果显示在频率显示窗口中。若输入的被测信号幅度大于3V，应接通输入衰减电路，可利用外测频输入衰减键[ATT]⑰选通衰减电路。外测频输入衰减指示灯⑱亮起，表示外测频输入信号被衰减20dB。外测频为等精度测量方式，测频闸门自动切换，不用手动更改。

思考与练习

1. 信号发生器按测量对象怎么分类？
2. 低频信号发生器有哪几种用途？
3. 信号发生器通常能测量出哪几种波形？

任务6.2 用示波器测量电信号

任务分析

示波器是当今最通用的电子仪器。示波器能把人们无法直接看到的电信号的变化规律转换成可以直接观察的波形。通过它，不但能观察信号的动态过程，还能定量地测量电信号的各种参数，如交流电的周期、幅度、频率、相位等；加上传感器后，还可以测量非电量信号。

相关知识

1. 示波器的组成和原理

1) 示波器的组成

示波器主要由Y轴放大器、X轴(水平)放大器、触发器、扫描发生器、示波管及电源六部分组成，其方框图如图6-2-1所示。

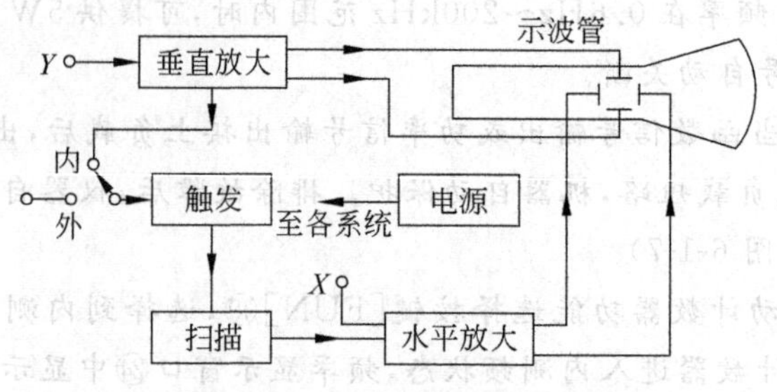

图 6-2-1　示波器的组成框图

(1) 示波管：示波管是示波器的心脏，它是一种喇叭状的电子管，其作用是把所观察的信号电压变成发光图形。它由电子枪、偏转系统、荧光屏构成。电子枪由灯丝、阴极、控制栅极、第一阳极和第二阳极组成。灯丝通电时加热阴极，使阴极发射的电子聚焦成一束，并且获得加速。电子束射到荧光屏上就产生光点。调节控制栅极的电位，可改变电子束的密度，从而调节光点亮暗的程度。偏转系统包括 Y 轴偏转板和 X 轴偏转板两个部分，它们能将电子束按照偏转板上的信号电压做出相应的偏转，在荧光屏上绘出一定的波形。荧光屏是在示波管顶端内壁上涂一层荧光物质，受高能量电子束的轰击产生辉光，还有余辉现象。由于人眼的视觉暂留特性，人们能在荧光屏上观察到连续的波形。

(2) Y 轴放大器：示波管的灵敏度比较低，如果偏转板上的电压不够大，人们不能明显地观察到光点的移位。为了保证有足够的偏转电压，Y 轴放大器将被观察的电信号放大后，送至示波管的 Y 轴偏转板。

(3) 扫描发生器：用于产生周期性的线性锯齿波电压(扫描电压)，如图 6-2-2 所示。该扫描电压可以由扫描发生器自动产生，称为自动扫描；也可在触发器来的触发脉冲作用下产生，称为触发扫描。

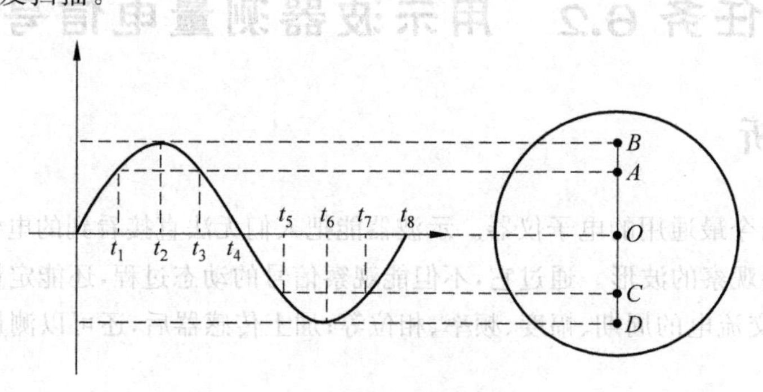

图 6-2-2　扫描电压

(4) X 轴放大器：用于将扫描电压或 X 轴输入信号放大后，送至示波管的 X 轴偏转板。

(5) 触发器：将来自内部(被测信号)或外部的触发信号整形，变为波形统一的触发脉冲，用以触发扫描发生器。若触发信号来自内部，称为内触发；若来自于外来信号，称为外触发。

2）示波器的特点

示波器是利用示波管内电子射线的偏转，在荧光屏上显示出电信号波形的仪器。它是一种综合性的电信号测试仪器，其主要特点如下所述。

(1) 测量灵敏度高、量程大、过载能力强。

(2) 输入阻抗高、频带宽、响应快，显示直观。

(3) 不仅能显示电信号的波形，还可以测量电信号的幅度、周期、频率和相位等。

(4) 通过传感器，可以完成各种电量的测量，扩大示波器的功能。

3）示波器的分类

按照示波器的用途和特点，有以下分类。

(1) 通用示波器：它是根据波形显示基本原理而构成的示波器，通用性强，可对电信号进行定量的分析和测量。

(2) 取样示波器：它是采用取样技术，先将高频信号变为与原信号相似的低频信号，再应用波形基本原理显示波形的示波器。与通用示波器相比，取样示波器具有频带极宽的优点。

(3) 记忆和存储示波器：这两种示波器均有存储信息的功能。前者采用记忆示波管来实现，记忆时间可达数天；后者采用数字存储器存储信息，存储时间是无限的。

(4) 专用示波器：为满足特殊需要而设计的示波器，如电视示波器、高压示波器等。

(5) 智能示波器：这种示波器采用了微处理器，具有自动操作、数字化处理、存储及显示等功能，是新型示波器，也是示波器发展的方向。

4）示波器的基本工作原理

如果仅在示波管 X 轴偏转板上加周期性锯齿波电压，示波管屏面上的光点反复自左端移动至右端，屏面上只出现一条水平线，称为扫描线或时间基线。如果同时在 Y 轴偏转板上加电信号，就可以显示电信号的波形。显示波形的过程如图 6-2-3 所示。为了在荧光屏上观察到稳定的波形，必须使锯齿波的周期和被观察的信号的周期相等或成整数倍关系；否则，稍有异差，显示的波形就会向左或向右移动。为使波形稳定，而强制扫描电压周期与信号周期成整数倍关系的过程称为同步。

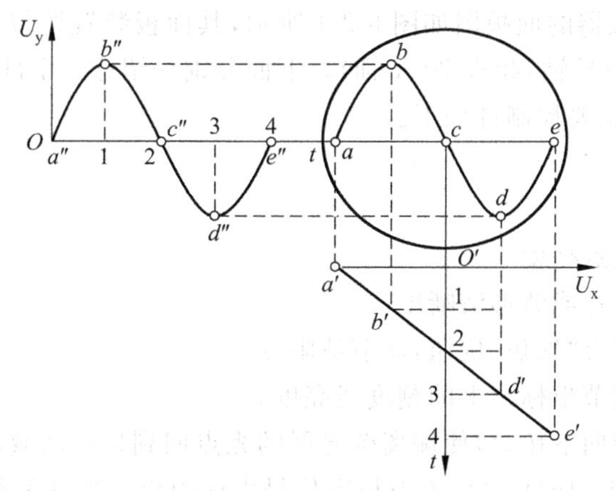

图 6-2-3　显示波形原理

5) 示波器的主要参数

示波器的主要参数是正确使用示波器的依据。

(1) 频率响应(带宽):这是示波器频率特性的稳态表示法。示波器的带宽就是其 Y 系统工作频率范围,也就是 Y 放大器带宽,通常以 -3dB 定义,即相对放大量下降到 0.707 时的频率范围。频带越宽,表明示波器的频率特性越好。宽带示波器的频率响应低端常常从零开始。

(2) 瞬态响应:这是示波器频率特性的瞬态表示法。它指输入理想矩形波后,示波器显示波形的脉冲参数。

(3) 输入阻抗:是指 Y 放大器的输入阻抗。示波器的输入阻抗越大,对被测电路的影响越小。通用示波器的输入电阻规定为 1MΩ,输入电容一般为 22~50pF。

(4) 偏转因数:是指示波器输入电压与亮点在 Y 方向偏移量的比值,单位为 mV/DIV。偏转因数值可表示灵敏度,数值越小,灵敏度越高。每一种示波器有一个最高灵敏度。一般示波器的最高灵敏度对应于 5mV/DIV 或 10mV/DIV。

偏转因数表征示波器观察信号的幅度范围,其下限表征示波器观察微弱信号的能力,上限决定了示波器所能观察到信号的最大峰—峰值。度(DIV)是指荧光屏刻度 1 大格,1 度等于 1cm。

6) 扫描速度

单位时间内光点在 X 方向的偏移量称为扫描速度。光点在 X 方向偏移 1cm 或 1DIV 所经过的时间称为扫描时基因数,单位是 μs/DIV 或 s/DIV。通常用扫描时基因数表示扫描速度,时基因数越小,扫描速度越高,表明示波器展宽波形或窄脉冲的能力越强。

7) 延时时间

从扫描线开始出现,到波形上升或下降到基本幅度的 10%所经过的时间叫做延时时间。延时时间的存在有利于观察脉冲沿。

2. SR-8 型双踪示波器简介

1) 面板装置

SR-8 型双踪示波器的面板图如图 6-2-4 所示,其面板装置按位置和功能通常划分为 3 大部分:显示、垂直(Y 轴)和水平(X 轴)。下面分别介绍这 3 个部分控制装置的作用。

(1) 显示部分:主要控制件如下。

① 电源开关。

② 电源指示灯。

③ 辉度:调整光点亮度。

④ 聚焦:调整光点或波形清晰度。

⑤ 辅助聚焦:配合"聚焦"旋钮,调节清晰度。

⑥ 标尺亮度:调节坐标片上的刻度线亮度。

⑦ 寻迹:当按键向下按时,使偏离荧光屏的光点回到显示区域,而寻到光点位置。

⑧ 标准信号输出:1kHz、1V 方波校准信号由此引出。加到 Y 轴输入端,用以校准 Y 轴输入灵敏度和 X 轴扫描速度。

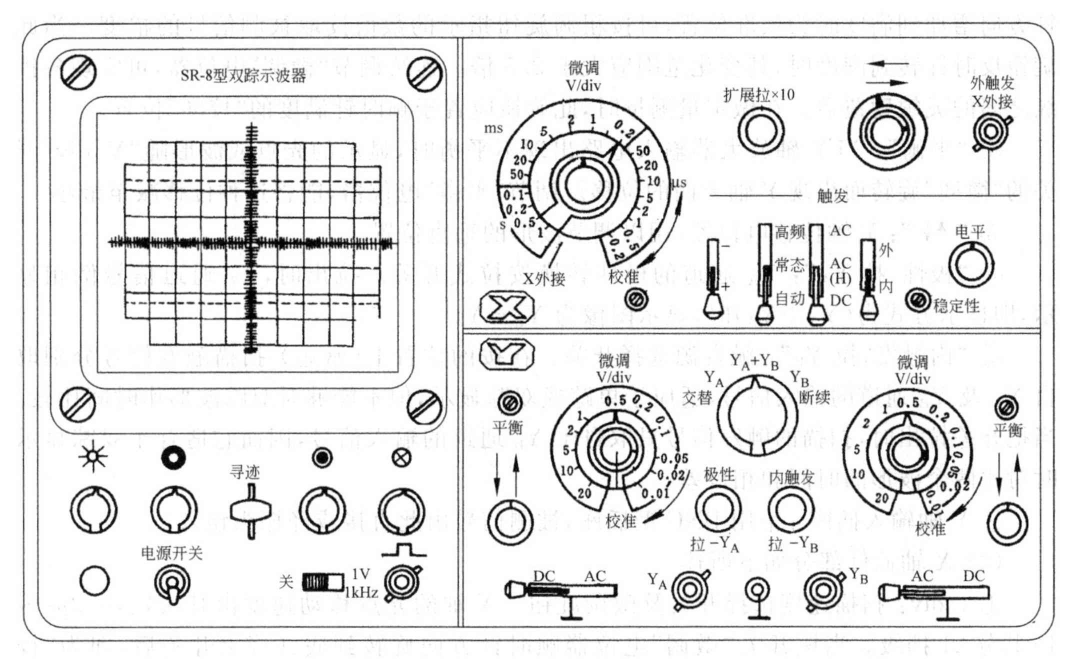

图 6-2-4　SR-8 型双踪示波器面板图

(2) Y 轴插件部分如下所述。

① 显示方式选择开关：用以转换两个 Y 轴前置放大器 Y_A 与 Y_B 工作状态的控制件，具有 4 种不同作用的显示方式。

(a) 交替：当显示方式开关置于“交替”时，电子开关受扫描信号控制转换，每次扫描都轮流接通 Y_A 或 Y_B 信号。被测信号的频率越高，扫描信号频率越高，电子开关转换速率也越快，不会有闪烁现象。这种工作状态适用于观察两个工作频率较高的信号。

(b) 断续：当显示方式开关置于“断续”时，电子开关不受扫描信号控制，产生频率固定为 200kHz 的方波信号，使电子开关快速交替接通 Y_A 和 Y_B。由于开关动作频率高于被测信号频率，因此屏幕上显示的两个通道信号波形是断续的。当被测信号频率较高时，断续现象十分明显，甚至无法观测；当被测信号频率较低时，断续现象被掩盖。因此，这种工作状态适合于观察两个工作频率较低的信号。

(c) Y_A、Y_B：显示方式开关置于 Y_A 或者 Y_B 时，表示示波器处于单通道工作方式。此时，示波器的工作方式相当于单踪示波器，即只能单独显示 Y_A 或 Y_B 通道的信号波形。

(d) Y_A+Y_B：显示方式开关置于 Y_A+Y_B 时，电子开关不工作，Y_A 与 Y_B 两路信号均通过放大器和门电路，示波器将显示出两路信号叠加的波形。

②“DC－⊥－AC”：Y 轴输入选择开关，用以选择被测信号接至输入端的耦合方式。置于 DC 是直接耦合，能输入含有直流分量的交流信号；置于 AC 位置，实现交流耦合，只能输入交流分量；置于“⊥”位置时，Y 轴输入端接地，这时显示的时基线一般用来作为测试直流电压零电平的参考基准线。

③“微调 V/div”：灵敏度选择开关及微调装置。灵敏度选择开关系套轴结构，黑色旋钮是 Y 轴灵敏度粗调装置，10mV/div～20V/div 分 11 挡。红色旋钮为细调装置，顺时

针方向增加到满度时为校准位置，可按粗调旋钮指示的数值读取被测信号的幅度。当此旋钮反时针转到满度时，其变化范围应大于 2.5 倍。连续调节“微调”电位器，可实现各挡级之间的灵敏度覆盖。在做定量测量时，此旋钮应置于顺时针满度的“校准”位置。

④ “平衡”：当 Y 轴放大器输入电路出现不平衡时，显示的光点或波形随“V/div”开关的“微调”旋转而出现 Y 轴方向的位移。调节“平衡”电位器，能将这种位移减至最小。

⑤ “↑↓”：Y 轴位移电位器，用以调节波形的垂直位置。

⑥ “极性、拉 Y_A”：Y_A 通道的极性转换按拉式开关。拉出时，Y_A 通道信号倒相显示，即显示方式为(Y_A+Y_B)时，显示图像为 Y_B-Y_A。

⑦ “内触发、拉 Y_B”：触发源选择开关。在按的位置上（常态）扫描触发信号分别取自 Y_A 及 Y_B 通道的输入信号，适应于单踪或双踪显示，但不能够对双踪波形作时间比较。当把开关拉出时，扫描的触发信号只取自于 Y_B 通道的输入信号，因而它适合于双踪显示时对比两个波形的时间和相位差。

⑧ Y 轴输入插座：采用 BNC 型插座，被测信号由此直接或经探头输入。

(3) X 轴插件部分如下所述。

① t/div：扫描速度选择开关及微调旋钮。X 轴的光点移动速度由其决定，0.2μs～1s 共分 21 挡级。当该开关“微调”电位器顺时针方向旋转到底并接上开关后，即为“校准”位置，此时 t/div 的指示值为扫描速度的实际值。

② “扩展、拉×10”：扫描速度扩展装置，是按拉式开关。在“按”的状态正常使用，“拉”的位置扫描速度增加 10 倍。t/div 的指示值应相应计取。采用“扩展 拉×10”适于观察波形细节。

③ “⇄”：X 轴位置调节旋钮，是 X 轴光迹的水平位置调节电位器，是套轴结构。外圈旋钮为粗调装置，顺时针方向旋转，基线右移；反时针方向旋转，基线左移。置于套轴上的小旋钮为细调装置，适用于扩展后信号的调节。

④ “外触发 X 外接”插座：采用 BNC 型插座。在使用外触发时，作为连接外触发信号的插座；也可以作为 X 轴放大器外接时的信号输入插座。其输入阻抗约为 1MΩ。外接使用时，输入信号的峰值应小于 12V。

⑤ “触发电平”旋钮：触发电平调节电位器旋钮，用于选择输入信号波形的触发点。具体地说，就是调节开始扫描的时间，决定扫描在触发信号波形的哪一点上被触发。顺时针方向旋动时，触发点趋向信号波形的正向部分；逆时针方向旋动时，触发点趋向信号波形的负向部分。

⑥ “稳定性”：触发稳定性微调旋钮。用以改变扫描电路的工作状态，一般应处于待触发状态。调整方法是将 Y 轴输入耦合方式选择(AC—地—DC)开关置于地挡，将 V/div 开关置于最高灵敏度的挡级。在电平旋钮调离自激状态的情况下，用小螺丝刀将稳定度电位器顺时针方向旋到底，则扫描电路产生自激扫描，此时屏幕上出现扫描线；然后逆时针方向慢慢旋动，使扫描线刚刚消失，扫描电路即处于待触发状态。在这种状态下，用示波器测量时，只要调节电平旋钮，即能在屏幕上获得稳定的波形，并能随意调节选择屏幕上波形的起始点位置。少数示波器，当稳定度电位器逆时针方向旋到底时，屏幕上出现扫描线；然后顺时针方向慢慢旋动，使屏幕上扫描线刚刚消失，扫描电路即处于待触发状态。

⑦“内、外”：触发源选择开关。置于“内”位置时，扫描触发信号取自 Y 轴通道的被测信号；置于“外”位置时，触发信号取自“外触发 X 外接”输入端引入的外触发信号。

⑧ AC、AC(H)、DC：触发耦合方式开关。DC 挡，是直流耦合状态，适合于变化缓慢或频率甚低(如低于 100Hz)的触发信号。AC 挡，是交流耦合状态，由于隔断了触发中的直流分量，因此触发性能不受直流分量影响。AC(H)挡，是低频抑制的交流耦合状态，在观察包含低频分量的高频复合波时，触发信号通过高通滤波器耦合，抑制了低频噪声和低频触发信号(2MHz 以下的低频分量)，免除因误触发而造成的波形晃动。

⑨“高频、常态、自动”：触发方式开关。用于选择不同的触发方式，以适应不同的被测信号与测试目的。“高频”挡，频率甚高(如高于 5MHz)，且无足够的幅度使触发稳定时，选择该挡。此时扫描处于高频触发状态，由示波器自身产生的高频信号(200kHz 信号)对被测信号同步。不必经常调整电平旋钮，屏幕上即能显示稳定的波形，操作方便，有利于观察高频信号波形。“常态”挡，采用来自 Y 轴或外接触发源的输入信号进行触发扫描，是常用的触发扫描方式。“自动”挡，扫描处于自动状态(与高频触发方式相仿)，但不必调整电平旋钮，也能观察到稳定的波形，操作方便，有利于观察较低频率的信号。

⑩“+、-”：触发极性开关。在“+”位置时选用触发信号的上升部分，在“-”位置时选用触发信号的下降部分对扫描电路进行触发。

2) 使用前的检查、调整和校准

示波器初次使用前或久置复用时，有必要进行一次能否工作的简单检查和进行扫描电路稳定度、垂直放大电路直流平衡的调整。示波器在进行电压和时间的定量测试时，还必须校准垂直放大电路增益和水平扫描速度。示波器能否正常工作的检查方法，以及垂直放大电路增益和水平扫描速度的校准方法，由于各种型号示波器的校准信号幅度、频率等参数不同而略有差异。

3) 使用步骤

用示波器能观察不同电信号幅度随时间变化的波形曲线。在此基础上，示波器用于测量电压、时间、频率、相位差和调幅度等电参数。下面介绍用示波器观察电信号波形的步骤。

(1) 选择 Y 轴耦合方式：根据被测信号频率的高低，将 Y 轴输入耦合方式选择“AC—地—DC”开关置于 AC 或 DC。

(2) 选择 Y 轴灵敏度：根据被测信号的大约峰—峰值(如果采用衰减探头，应除以衰减倍数；在耦合方式取 DC 挡时，还要考虑叠加的直流电压值)，将 Y 轴灵敏度选择 V/div 开关(或 Y 轴衰减开关)置于适当挡级。实际使用中，如不需读测电压值，可适当调节 Y 轴灵敏度微调(或 Y 轴增益)旋钮，使屏幕上显现所需要高度的波形。

(3) 选择触发(或同步)信号来源与极性：通常将触发(或同步)信号极性开关置于“+”或“-”挡。

(4) 选择扫描速度：根据被测信号周期(或频率)的大约值，将 X 轴扫描速度 t/div(或扫描范围)开关置于适当挡级。实际使用中，如不需读测时间值，可适当调节扫速 t/div 微调(或扫描微调)旋钮，使屏幕上显示测试所需周期数的波形。如果需要观察的是信号的边沿部分，扫速 t/div 开关应置于最快扫速挡。

(5) 输入被测信号：被测信号由探头衰减后(或由同轴电缆不衰减直接输入，但此时的输入阻抗降低、输入电容增大)，通过 Y 轴输入端输入示波器。

(6) 触发(或同步)扫描：缓缓调节触发电平(或同步)旋钮，屏幕上显现稳定的波形。根据观察需要，适当调节电平旋钮，显示相应起始位置的波形。

如果用双踪示波器观察波形，作单踪显示时，显示方式开关置于"Y_A"或"Y_B"。被测信号通过 Y_A 或 Y_B 输入端输入示波器。Y 轴的触发源选择"内触发—拉 Y_B"开关置于按(常态)位置。若示波器作两踪显示，显示方式开关置于交替挡(适用于观察频率不太低的信号)，或断续挡(适用于观察频率不太高的信号)，此时 Y 轴的触发源选择"内触发—拉 Y_B"开关置"拉 Y_B"挡。

任务实施

1. 工作准备

SR-8 型双踪示波器 1 台，水晶探头 1 个，低频信号发生器 1 台，直流稳压电源 1 台，单相电源 1 处。

2. 工作过程

1) 调出基线

在示波器接通电源之前，将各控制旋钮及开关置于表 6-2-1 中所列位置。

表 6-2-1 示波器控制旋钮及开关位置

名 称	位 置	名 称	位 置
辉度	适当	内触发	常态(按位置)
显示方式	Y_A 位置	触发方式	高频或自动
极性	常态(按位置)	Y 轴位移	中间
输入耦合方式	⊥	X 轴位移	中间

各控制旋钮及开关位置调好后，将示波器通电，看到光点或扫描基线；调节灰度、聚焦和亮度，使扫描基线清晰。调整 X 轴移位和 Y 轴移位，将基线移至荧光屏的中心位置；也可用示波器的校准信号进行自校。

若看不到光点或基线，可按下寻迹键，寻找光点或基线方向；然后调整 X 轴移位和 Y 轴移位，将其移至荧光屏中心。

2) 电压的测量

利用示波器所做的任何测量，都归结为对电压的测量。示波器可以测量各种波形的电压幅度，既可以测量直流电压和正弦电压，又可以测量脉冲或非正弦电压的幅度。更有用的是它可以测量一个脉冲电压波形各部分的电压幅值，如上冲量或顶部下降量等。这是其他任何电压测量仪器都不能比拟的。

(1) 交流电压的测量：将 Y 轴输入耦合开关置于"AC"位置，显示出输入波形的交流成分。若交流信号的频率很低，将 Y 轴输入耦合开关置于"DC"位置。

将被测波形移至示波管屏幕的中心位置，用 V/div 开关将被测波形控制在屏幕有效工作面积的范围内，按坐标刻度片的分度读取整个波形所占 Y 轴方向的度数 H，则被测电压的峰—峰值 V_{P-P} 等于 V/div 开关指示值与 H 的乘积。如果使用探头测量，应把探头的衰减量计算在内，即把上述计算数值乘以 10。

例如，示波器的 Y 轴灵敏度开关 V/div 位于 0.2 挡级，被测波形占 Y 轴的坐标幅度 H 为 5div，则此信号电压的峰—峰值为 1V。若是经探头测量，仍指示上述数值，则被测信号电压的峰—峰值为 10V。

实际操作：将信号发生器产生的 500Hz/6V 及 2kHz/5V 正弦信号分别接入示波器，观察其波形，记录有关资料并填入表 6-2-2。

表 6-2-2 交流电压测量记录表

被测电压	探头分压比	位移格数	V/div 指示值	实测值
500Hz/6V(峰—峰值)				
2kHz/5V(峰—峰值)				

(2) 直流电压的测量：将 Y 轴输入耦合开关置于“地”位置，触发方式开关置“自动”位置，使屏幕显示一条水平扫描线，此扫描线便为零电平线。

将 Y 轴输入耦合开关置 DC 位置，加入被测电压。此时，扫描线在 Y 轴方向产生跳变位移 H，被测电压即为 V/div 开关指示值与 H 的乘积。

实际操作：将直流稳压电源输出的 5V 和 10V 直流电压分别接入示波器，观察其波形，记录有关资料并填入表 6-2-3。

表 6-2-3 直流电压测量记录表

被测电压/V	探头分压比	位移格数	V/div 指示值	实测值
5				
10				

3) 时间的测量

示波器时基能产生与时间呈线性关系的扫描线，因而可以用荧光屏的水平刻度来测量波形的时间参数，如周期性信号的重复周期、脉冲信号的宽度、时间间隔、上升时间(前沿)和下降时间(后沿)、两个信号的时间差等。

将示波器的扫速开关 t/div 的“微调”装置转至校准位置时，显示的波形在水平方向刻度所代表的时间可按 t/div 开关的指示值直读计算，从而较准确地求出被测信号的时间参数。

实际操作：将信号发生器产生的 500Hz/5V(峰—峰值)和 2kHz/5V(峰—峰值)的正弦信号分别接入示波器，观察其波形，记录有关资料并填入表 6-2-4。

表 6-2-4 时间测量记录表

被测电压	探头分压比	V/div 指示值	周期(时间)
500Hz/5V(峰—峰值)			
2kHz/5V(峰—峰值)			

4）相位的测量（双踪法）

利用示波器测量两个正弦电压之间的相位差具有实用意义，用计数器可以测量频率和时间，但不能直接测量正弦电压之间的相位关系。

双踪法是用双踪示波器在荧光屏上直接比较两个被测电压的波形来测量其相位关系。测量时，将相位超前的信号接入 Y_B 通道，另一个信号接入 Y_A 通道。选用 Y_B 触发，然后调节"t/div"开关，使被测波形的一个周期在水平标尺上准确地占满 8div；一个周期的相角 360°被 8 等分，每 1div 相当于 45°。读出超前波与滞后波在水平轴的差距 T，按下式计算相位差 ϕ：

$$\phi=45^\circ/\text{div}\times T(\text{div})$$

例如，$T=1.5\text{div}$，则 $\phi=45^\circ/\text{div}\times1.5\text{div}=67.5^\circ$。

5）频率的测量（周期法）

对于任何周期信号，可用前述时间间隔测量方法，先测定其每个周期的时间 T，再用下式求出频率 f：

$$f=1/T$$

例如，示波器上显示被测波形的周期为 8div，t/div 开关置"1μs"位置，其"微调"置"校准"位置。则其周期和频率计算如下：

$$T=1\mu\text{s}/\text{div}\times8\text{div}=8\mu\text{s}$$

$$f=1/8\mu\text{s}=125\text{kHz}$$

所以，被测波形的频率为 125kHz。

3. 任务检测

任务评分标准如表 6-2-5 所示。

表 6-2-5 示波器的使用训练评分标准

项目内容	配分	评分标准	扣分	得分
示波器使用前的准备	15	(1) 开机前的位置不正确，扣 10 分 (2) 通电后的扫描基线调不出，扣 10 分		
用示波器测量直流电压	25	(1) 仪器连接不正确，扣 10 分 (2) 各旋钮的位置设置不正确，每次扣 5 分 (3) 读数不正确，每次扣 5 分		
用示波器测量直流电压	25	(1) 仪器连接不正确，扣 10 分 (2) 各旋钮的位置设置不正确，每次扣 5 分 (3) 读数不正确，每次扣 5 分		
用示波器测量周期	25	(1) 仪器连接不正确，扣 10 分 (2) 各旋钮的位置设置不正确，每次扣 5 分 (3) 读数不正确，每次扣 5 分		
安全生产	5	违反安全生产规程，扣 5 分		
文明生产	5	违反文明生产规程，扣 5 分		
时间：1 小时		成绩：		

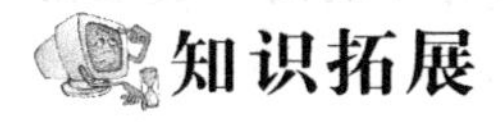

数字示波器

数字存储示波器是20世纪70年代初发展起来的一种新型示波器。这种类型的示波器可以方便地实现对模拟信号波形进行长期存储，并能利用机内微处理器系统对存储的信号做进一步处理，例如对被测波形的频率、幅值、前后沿时间、平均值等参数的自动测量以及多种复杂的处理。数字存储示波器的出现使传统示波器的功能发生了重大变革。

数字示波器是利用数据采集、A/D转换、软件编程等一系列技术制造出来的高性能示波器。数字示波器一般支持多级菜单，提供给用户多种选择、多种分析功能；还有一些示波器提供存储，实现对波形的保存和处理。目前高端数字示波器主要依靠美国技术。对于300MHz带宽之内的示波器，目前国内品牌的示波器在性能上已经可以和国外品牌抗衡，且具有明显的性价比优势。

数字示波器因具有波形触发、存储、显示、测量、波形数据分析处理等独特优点，其使用日益普及。由于数字示波器与模拟示波器之间存在较大的性能差异，如果使用不当，会产生较大的测量误差，影响测试任务。

1. 数字存储示波器的原理

数字存储示波器与模拟示波器的不同在于信号进入示波器后立刻通过高速A/D转换器将模拟信号前端快速采样，并存储其数字化信号；然后利用数字信号处理技术对所存储的数据进行实时快速处理，得到信号的波形及其参数，并由示波器显示，实现模拟示波器的功能。其测量精度高，还可以存储和调用显示特定时刻的信号。

一个典型的数字存储示波器原理框图如图6-2-5所示。模拟输入信号先适当地放大或衰减，然后进行数字化处理。数字化包括"取样"和"量化"两个过程，取样是获得模拟输入信号的离散值，量化则是使每个取样的离散值经A/D转换成二进制数字。最后，数字化的信号在逻辑控制电路的控制下依次写入RAM(存储器)，CPU从存储器中依次把数字信号读出并在显示屏上显示相应的信号波形。GPIB为通用接口总线系统，通过它可以程控数字存储示波器的工作状态，并且使内部存储器和外部存储器交换数据成为可能。

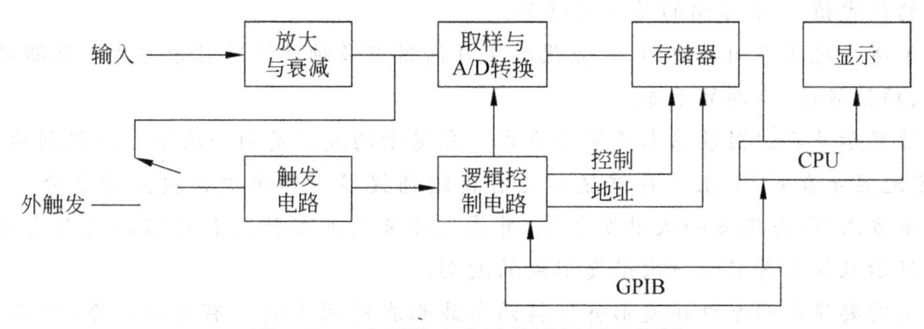

图6-2-5 典型数字存储示波器原理框图

由此可见，数字示波器必须完成波形的取样、存储和显示。另外，为了满足一般应用的需求，几乎所有微机化的数字示波器都提供波形的测量与处理功能。

1）波形的取样和存储

由于数字系统只能处理离散信号，所以必须对模拟连续波形先抽样，再进行 A/D 转换。根据奈奎斯特定理，只有抽样频率大于要处理信号频率的 2 倍时，才能在显示端理想地复现该信号。

连续信号离散化通过如图 6-2-6 所示的取样方法完成。把模拟波形送到加有反偏的取样门的 a 点，在 c 点加入等间隔的取样脉冲，则在对应时间 $t_n(n=1,2,3,\cdots)$，取样脉冲打开取样门的一瞬间，在 b 点得到相应的模拟量 $a_n(n=1,2,3,\cdots)$，这个模拟量就是离散化了的模拟量。把每一个模拟量进行 A/D 转换，可以得到相应的数字量，如 $a_1\to$A/D$\to$01H，$a_2\to$A/D$\to$02H，$a_3\to$A/D$\to$03H，……如果把这些数字量按序存放在存储器中，就相当于把一幅模拟波形以数字量存储起来。

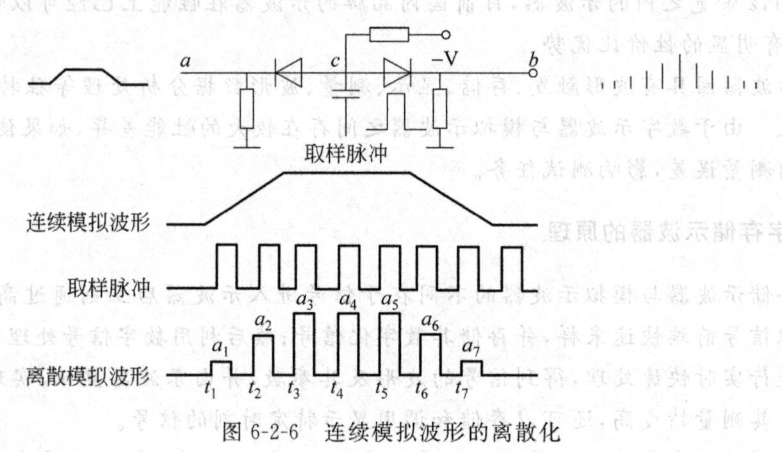

图 6-2-6 连续模拟波形的离散化

2）波形的显示

数字存储示波器必须把上述存储器中的波形显示出来，以便用户观察、处理和测量。存储器中的每个单元存储了一个抽样点的信息，在显示屏上显示为一个点。该点 Y 方向的坐标值决定于数字信号值的大小、示波器 Y 方向电压灵敏度设定值及 Y 方向整体偏移量，X 方向的坐标值决定于数字信号值在存储器中的位置（即地址）、示波器 X 方向电压灵敏度的设定值及 X 方向的整体偏移量。

为了适应观测不同的波形，智能化数字存储器有多种灵活的显示方式：存储显示、双踪显示、插值显示、流动显示等。

存储显示是示波器最基本的显示方式。它显示的波形是由一次触发捕捉到的信号片段，稳定地显示在 CRT 上。存储显示还有连续捕捉显示和单次捕捉显示之分。在连续捕捉显示方式下，每满足一次触发条件，屏幕上原来的波形就被新存储的波形更新；而单次捕捉显示只保存并显示一次触发形成的波形。

如果需要显示两个电压波形并保持两个波形在时间上的原有对应关系，可采用交替存储技术以达到双踪显示。这种交替存储技术利用存储器写地址的最低位 A_0 来控制通道开关，使取样和 A/D 转换轮流对两条通道的输入信号取样和转换，其存储方式如图 6-2-7

所示。当 A_0 为"1"时，对通道1的信号 Y_1 采样和转换，并写入技术存储器单元；读出时，先读偶数地址，再读奇数地址，Y_1 和 Y_2 信号便在CRT上交替显示。

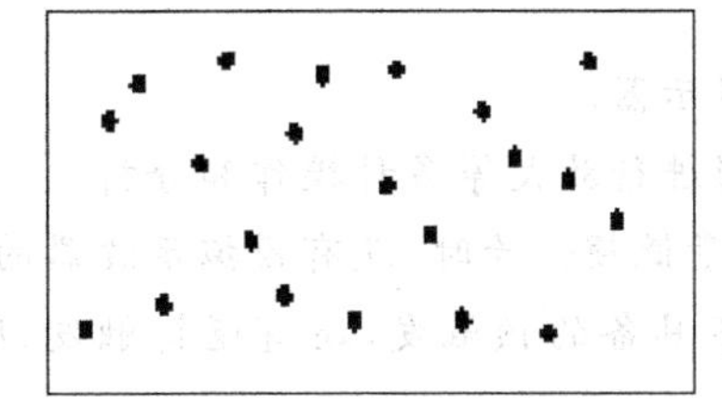
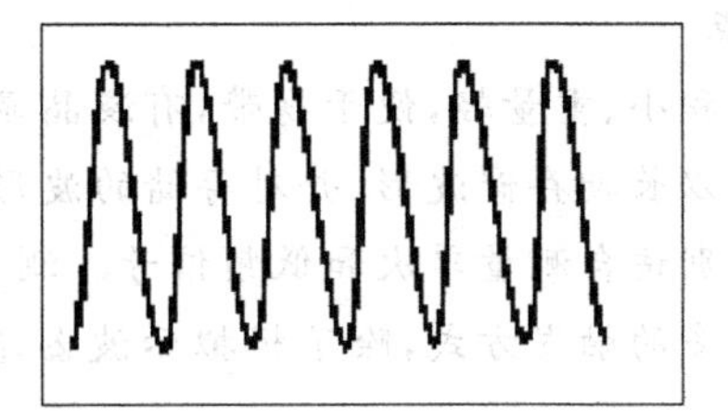

图 6-2-7 双踪显示的存储方式

示波器屏幕显示的波形由一些密集的点构成，当被观察的信号在一个周期内的采样点数较少时，会引起视觉上的混淆现象，如图6-2-7左图所示的正弦波形就很难辨认。一般认为当采样频率低于被测信号频率的2.5倍时，点显示造成视觉混淆。为了有效地克服视觉的混淆现象，同时不降低带宽指标，数字滤波器往往采用插值显示，即在波形上的两个测试点数据间进行估值。估值方式通常有矢量插值法和正弦插值法两种。矢量插值法是用斜率不同的直线段来连接相邻的点，当被测信号频率为采样频率的1/10以下时，采用矢量插值可以得到满意的效果；正弦插值法是以正弦规律用曲线连接各数据点的显示方式，它能显示频率为采样频率的1/2.5以下的被测波形，其能力已接近奈奎斯特极限频率，如图6-2-8所示。

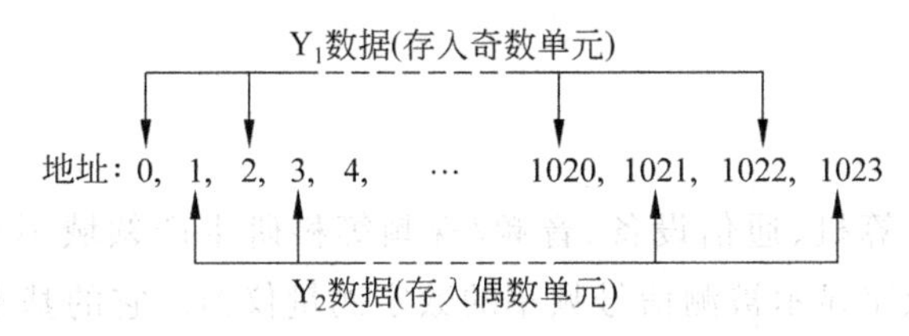

图 6-2-8 波形的插值显示

3）信号的触发

为了实时、稳定地显示信号波形，示波器必须重复地从存储器中读取数据并显示。为使每次显示的曲线和前一次重合，必须采用触发技术。信号的触发也叫整部或同步，一般的触发方式为：输入信号经衰减放大后，分送至A/D转换器的同时也分送至触发电路，触发电路根据一定的触发条件（如信号电压达到某值并处于上升沿）产生触发信号；控制电路一旦接收到来自触发电路的触发信号，就启动一次数据采集与RAM写入循环。

触发决定了示波器何时开始采集数据和显示波形。一旦触发被正确设定，它可以把不稳定的显示或黑屏转换成有意义的波形。示波器在开始收集数据时，先收集足够的数据，用来在触发点的左方画出波形。示波器在等待触发条件发生的同时，连续地采集数据。当检测到触发后，示波器连续地采集足够的数据，以便在触发点的右方画出波形。

触发可以从多种信源得到，如输入通道、市电、外部触发等。常见的触发类型有边沿触发和视频触发；常见的触发方式有自动触发、正常触发和单次触发。

2. 数字示波器优缺点

1）优点

（1）体积小、重量轻，便于携带，有液晶显示器。

（2）可以长期存储波形，并对存储的波形进行放大等多种操作和分析。

（3）特别适合测量单次和低频信号。测量低频信号时，没有模拟示波器的闪烁现象。

（4）更多的触发方式，除了模拟示波器不具备的预触发，还有逻辑触发、脉冲宽度触发等。

（5）可以通过GPIB、RS-232、USB接口同计算机、打印机、绘图仪连接，可以打印、存档、分析文件。

（6）有强大的波形处理能力，能自动测量频率、上升时间、脉冲宽度等参数。

2）缺点

失真比较大，由于数字示波器是通过对波形采样来显示，采样点数越少，失真越大，通常在水平方向有512个采样点；受到最大采样速率的限制，在最快扫描速度及其附近采样点更少，因此高速时失真更大。

任务6.3 VC2000智能频率计的使用

任务分析

数字频率计是计算机、通信设备、音频/视频等科研生产领域不可缺少的测量仪器。它是一种用十进制数字显示被测信号频率的数字测量仪器。它的基本功能是测量正弦信号、方波信号及其他各种单位时间内变化的物理量。在进行模拟、数字电路的设计、安装、调试过程中，由于其使用十进制数显示，测量迅速，精确度高，显示直观，经常要用到频率计。传统的频率计采用测频法测量频率，通常由组合电路和时序电路等大量的硬件电路组成，产品不但体积大，运行速度慢，而且测量低频信号不准确。本任务采用单片机技术设计一种数字显示的频率计，具有测量准确度高，响应速度快，体积小等优点。

VC2000频率计是多功能智能化仪器，具有频率测量、脉冲计数及晶体测量等功能，并有4挡时间闸门、5挡功能选择和8位LED高亮度显示。

相关知识

1. VC2000智能频率计技术参数

1）测量

（1）输入端口：本机有3个输入通道端口。

① A端口为50～2400MHz的高频通道端口。

② B端口为10Hz～50MHz的低频通道端口。

③ 晶振端口为晶体测量端口。

(2) 频率测量:

① 量程:共有5个挡位,第1～3挡测频率,第4挡测累计计数,第5挡测晶体。

- 挡位1:50～2400MHz,由A端口输入。
- 挡位2:4～50MHz,由B端口输入。
- 挡位3:10Hz～4MHz,由B端口输入。

② 分辨率:分辨率如表6-3-1所示。

表6-3-1 VC2000智能频率计分辨率表

挡位	功 能	频 率 段	分 辨 率			
			0.1s	1.0s	5.0s	10s
1	测频	2400～1000MHz	1kHz	100Hz	100Hz	100Hz
		1000～50MHz	1kHz	100Hz	10Hz	10Hz
2	测频	50～4MHz	100Hz	10Hz	1Hz	1Hz
3	测频	4MHz～10Hz	10Hz	1Hz	0.1Hz	0.1Hz
4	计数	最大显示"99999999"	—	—	—	—
5	测晶振	16～3.5MHz	10Hz	1Hz	1Hz	1Hz

③ 闸门时间:0.1s、1.0s、5.0s、10s任选。

④ 精度:精度=基准时间误差×被测频率±1个字。

(3) 累计测量:采用挡位4,B输入端口;分辨率为±1个字;计数频率范围10Hz～4MHz。

(4) 晶体测量:采用挡位5,由面板晶振插槽插入;测试范围3.5～16MHz。

2) 输入特性

(1) 通道A输入灵敏度25mVrms/200mVrms;阻抗约50Ω;最大安全电压3V。

(2) 通道B输入灵敏度第2挡:25mVrms/80mVrms,第3挡:10mVrms/30mVrms;阻抗约1MΩ(少于35pF);最大安全电压30V。

3) 时基

(1) 短期稳定度:$\pm3\times10^{-9}$/秒。

(2) 长期稳定度:$\pm2\times10^{-5}$/月。

(3) 温度:$\pm1\times10^{-5}$(10～40℃)。

4) 显示

为8位LED高亮度显示,并带有频率、计数、晶振、kHz、MHz等显示,以及各挡位和时间闸门的LED显示。

5) 电源

(1) 额定电压:AC 220V/110V±10%。

(2) 频率:50Hz/60Hz。

6）温度

（1）工作温度：－5～50℃。

（2）存储温度：－40～60℃。

7）湿度

（1）工作 10～90％RH。

（2）存放 5～90％RH。

8）预热时间

预热时间为 20 分钟。

9）尺寸

尺寸为 270mm×215mm×100mm。

10）重量

重量约为 1.55kg。

2. VC2000 智能频率计面板

VC2000 智能频率计面板如图 6-3-1 所示。

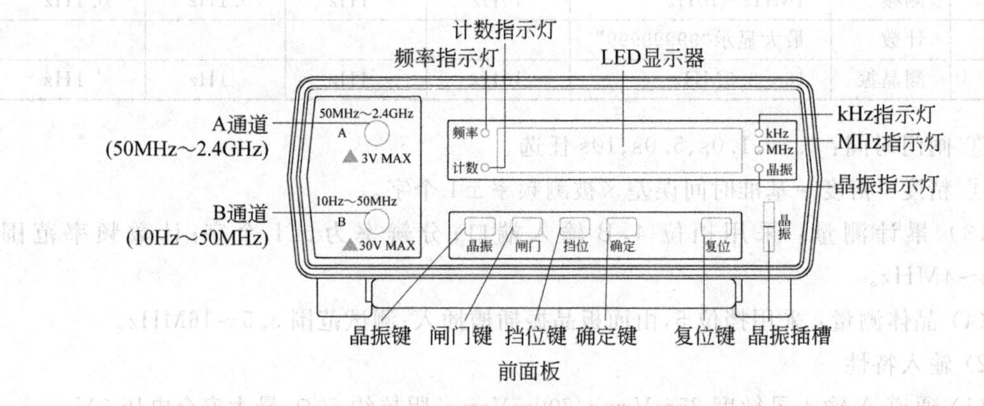

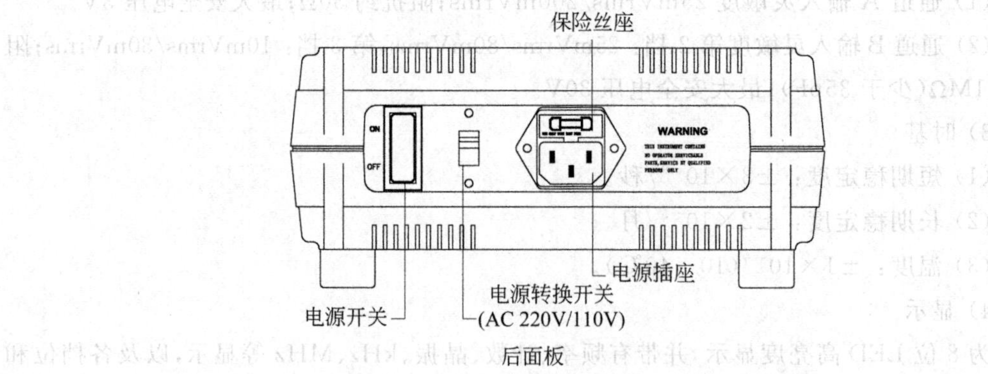

图 6-3-1 VC2000 智能频率计面板图

1）按键

（1）晶振键：用于测量晶振的按键。当测晶振时，将被测晶振插入面板右下方的晶振插槽，同时按下此键，才能测试晶振；不测晶振时，一定要再按此键一次，使振荡线路停振，以确保不对外界产生干扰。

(2) 闸门键：用于设置测量时的不同计数周期(产生相应的分辨率)。

共设有4个闸门时间：0.1s、1s、5s、10s。

(3) 挡位键：共设置5个挡。

① 挡位1：50～2400MHz量程，A通道输入，测量单位显示MHz(窗口后部显示)。

② 挡位2：4～50MHz量程，B通道输入，测量单位显示MHz(窗口后部显示)。

③ 挡位3：10Hz～4MHz量程，B通道输入，测量单位显示kHz(窗口后部显示)。

以上三挡为测量频率挡位，“频率”指示灯亮(在窗口前端)。

④ 挡位4：累积计数测量，B通道输入，此时“计数”灯亮。

⑤ 挡位5：测试晶体，晶振插槽插入，此时“晶振”灯亮，测量单位显示kHz。

(4) 确定键：每次选择好闸门、挡位后，按下确定键，频率计开始工作。每次开机或按复位键后，仪器自动进入上次按确定键后的工作状态。

(5) 复位键：当仪器出现非正常状态时，按一下该键，仪器恢复正常工作。

2) 输入端口

(1) 晶振插槽：在面板的右下部为插槽式，用于测量晶振振荡频率。

(2) B通道：挡位2、3、4输入端口，输入最大幅度小于30V。

(3) A通道：挡位1输入端口，输入最大幅度小于3V。

3) 后面板说明

(1) 电源开关。

(2) 电源转换开关：AC 220V/110V可转换。

(3) 电源插座。

(4) 保险丝座：保险丝为200mA。

其他为指示灯或LED显示器，这里不再详述。

任务实施

1. 工作准备

函数信号发生器1台、VC2000智能频率计1台、电源1处。

2. 工作过程

1) VC2000智能频率计使用前注意事项

使用前，请先检查电源电压。确认后，将电源转换开关拨到相应位置(110V或220V)，方可将电源线插头插入仪器后面板电源插座。然后，打开电源开关，预热20分钟后开始工作。

2) 使用VC2000智能频率计

(1) 测量频率：先根据被测频率的范围选择A通道或B通道(频率测试范围前面已

述)，然后设置闸门时间。闸门时间共有 4 挡(见图 6-3-2)。

当按闸门键时，闸门时间在显示窗前两位循环显示，显示值为当前选中的闸门时间，如图 6-3-3 所示。

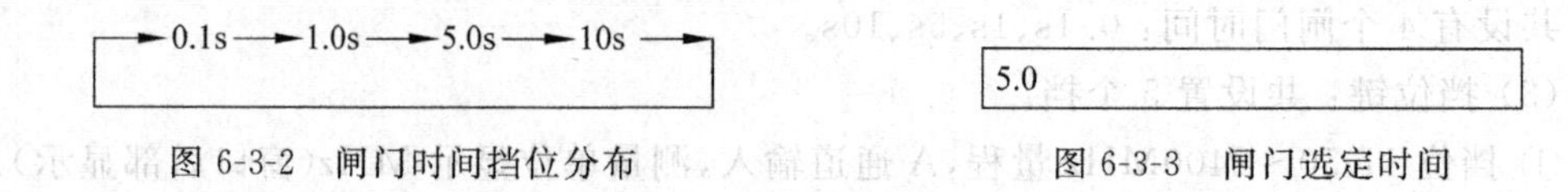

图 6-3-2 闸门时间挡位分布　　图 6-3-3 闸门选定时间

闸门时间为 5s。闸门时间越长，分辨率越高，但测试时间相应增长。

接着，设置挡位。当按挡位键时，显示窗口的最后一位显示值即为当前选中的挡位，如图 6-3-4 所示为第 2 挡。

测试频率只有 1～3 挡，按挡位键时，挡位循环显示：

4 挡为计数，5 挡为测晶振频率，显示值即为当前的挡位。

2

1 → 2 → 3 → 4 → 5

图 6-3-4 挡位设置

前三项操作完成后，按确认键，本仪器开始运行并根据按键的设置进行测量，同时将测试结果显示在 8 位 LED 的窗口上。

(2) 测量累积计数：先将测试线接 B 通道端口；再设置“闸门”时间，此时“闸门”的作用是显示间隔周期；接着，将挡位键设置为“4”；按确认键后，开始累计计数。

(3) 测量晶振频率：先将被测试晶体插入面板右下方的长方形插槽，即晶振端口，并按下晶振键；再设置“闸门”时间；然后，将挡位设置为“5”；最后按确认键，开始测晶振频率。

测完晶振后，再按一次晶振键，使此键跳起，晶振线路立即停振，以防止对外界产生干扰。

(4) 各种现代通信工具的测量：模拟式手机测量，挡位置为“1”，闸门时间根据需要选择；测量 30MHz 对讲机发射频率时，挡位置为“2”，闸门时间根据需要选择；测量子母电话机中对讲机的本振频率，档位置于“2”，然后取一只 5pF 左右的电容，将其中一根引线绕在随机测试电缆的红色夹头上，另一根引线作为探针直接触及频点，即可测出频率值。

3. 任务评估

任务评估内容如表 6-3-2 所示。

表 6-3-2 频率计的使用训练任务评估表

项目内容	配分	评分标准	扣分	得分
频率计使用前的准备	15	(1) 开机前的位置不正确，扣 10 分 (2) 通电后未按时间预热，扣 10 分		
用频率计测量频率	25	(1) 仪器连接不正确，扣 10 分 (2) 各旋钮的位置设置不正确，每次扣 5 分 (3) 读数不正确，每次扣 5 分		

续表

项目内容	配分	评分标准	扣分	得分
用频率计测量累积计数	25	(1) 仪器连接不正确，扣10分 (2) 各旋钮的位置设置不正确，每次扣5分 (3) 读数不正确，每次扣5分		
用频率计测量晶振频率	25	(1) 仪器连接不正确，扣10分 (2) 各旋钮的位置设置不正确，每次扣5分 (3) 读数不正确，每次扣5分		
安全生产	5	违反安全生产规程，扣10分		
文明生产	5	违反文明生产规程，扣10分		
时间：1小时		成绩：		

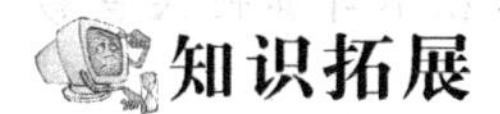

知识拓展

单片机频率计

频率计是我们经常用到的实验仪器之一。频率的测量实际上就是在单位时间内对信号进行计数，计数值就是信号频率。这里介绍一种基于单片机AT89S52制作的频率计的设计方法，所制作的频率计测量比较高的频率采用外部十分频，测量较低频率值时采用单片机直接计数，不进行外部分频。该频率计实现10Hz～2MHz频率测量，而且实现量程自动切换功能，4位共阳极动态显示测量结果，可以测量正弦波、三角波及方波等波形的频率值。

1. 测频的原理

测频的原理归结成一句话，就是："在单位时间内对被测信号进行计数"。被测信号通过输入通道的放大器放大后进入整形器，整形变为矩形波，并送入主门的输入端。由晶体振荡器产生的基频，按十进制分频得出的分频脉冲，经过基选通门触发主控电路，再通过主控电路以适当的编码逻辑得到相应的控制指令，用以控制主门电路选通被测信号产生的矩形波，至十进制计数电路直接计数和显示。若在一定的时间间隔T内累计周期性的重复变化次数N，则频率的表达式为

$$f_x = \frac{N}{T}$$

图6-3-5说明了测频的原理及误差产生的原因。

在图6-3-5中，假设时基信号为1kHz，用此法测得的待测信号为1kHz×5＝5kHz。但从图中可以看出，待测信号应该在5.5kHz左右，误差0.5/5.5≈9.1%。这个误差比较大。实际上，测量的脉冲个数的误差在±1之间。假设所测得的脉冲个数为N，则所测频率的误差最大为$\delta=\frac{1}{N-1}\times 100\%$。显然，减小误差的方法，就是增大$N$。本频率计要求测频误差在1‰以下，则$N$应大于1000。通过计算，对1kHz以下的信号用测频法，反应

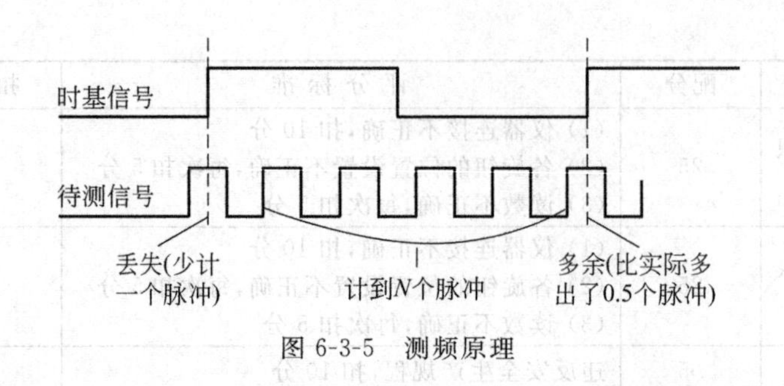

图 6-3-5　测频原理

的时间长于或等于10s。由此得出一个初步结论：测频法适合于测高频信号。

频率计数器严格地按照公式 $f=\dfrac{N}{T}$ 进行测频。由于数字测量的离散性，被测频率在计数器中记进的脉冲数可以有正一个或负一个脉冲的 ± 1 量化误差，在不计其他误差影响的情况下，测量精度为

$$\delta(f_{\mathrm{A}})=\frac{1}{N}$$

应当指出，测量频率时产生的误差是由 N 和 T 两个参数决定的。一方面，单位时间内计数脉冲个数越多，精度越高；另一方面，T 越稳定，精度越高。为了增加单位时间内计数脉冲的个数，一方面可在输入端将被测信号倍频；另一方面可以增加 T。为了增加 T 的稳定度，只需提高晶体振荡器的稳定度和分频电路的可靠性即可。

上述内容表明，在测量频率时，被测信号频率越高，测量精度越高。

2. 具体模块

根据上述系统分析，频率计系统设计共包括五大模块：单片机控制模块、电源模块、放大整形模块、分频模块及显示模块。各模块的作用如下所述。

(1) 单片机控制模块：以 AT89S52 单片机为控制核心，完成待测信号的计数、译码和显示，以及对分频比的控制。利用其内部的定时器/计数器完成待测信号周期/频率的测量。单片机 AT89S52 内部具有 2 个 16 位定时器/计数器，由编程实现定时、计数和产生计数溢出时中断要求的功能(因为 AT89S52 所需外围元件少，扩展性强，测试准确度高)。

(2) 电源模块：为整个系统提供合适又稳定的电源，主要为单片机、信号调理电路以及分频电路提供电源，要求电压稳定，噪声小及性价高。

(3) 放大整形模块：放大电路用于放大待测信号，降低对待测信号幅度的要求。整形电路是将不是方波的待测信号转化成方波信号，以便于测量。

(4) 分频模块：考虑单片机外部计数，使用 12MHz 时钟时，最大计数速率为 500kHz，因此需要外部分频。分频电路用于扩展单片机频率测量范围，使单片机频率测量使用统一信号，使单片机测频更易于实现，而且降低了系统的测频误差。可用 74161 进行外部十分频。

(5) 显示模块：显示电路采用 4 位共阳极数码管动态显示。为了加大数码管的亮度，

使用 4 个 PNP 三极管驱动，以便于观测。

综上所述，频率计系统由单片机控制模块、电源模块、放大整形模块、分频模块及显示模块等组成。频率计的总体设计框图如图 6-3-6 所示。

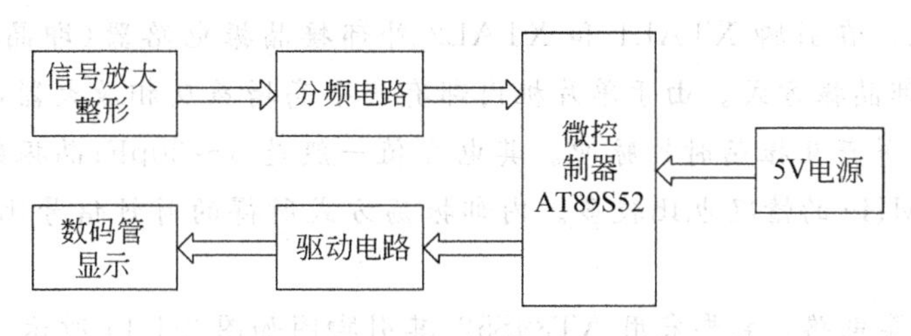

图 6-3-6　频率计总体设计框图

3. 工作原理

1) 基本工作原理

频率计最基本的工作原理是：当被测信号在特定时间段 T 内的周期个数为 N 时，被测信号的频率 $f=N/T$。在一个测量周期中，被测周期信号在输入电路中经过放大、整形、微分操作之后形成特定周期的窄脉冲，然后被送到主门的一个输入端。主门的另外一个输入端为时基电路产生的闸门脉冲。在闸门脉冲开启主门的期间，特定周期的窄脉冲才能通过主门，进入计数器进行计数。计数器的显示电路用来显示被测信号的频率值，内部控制电路用来完成测量功能之间的切换并实现测量设置。

2) 电路组成

频率计电路主要由分频电路、复位电路、晶振电路、信号采集电路、译码电路及显示电路组成。

(1) 分频电路：主要采用百分频。该电路主要由两片 74LS90 级联而成，电路图如图 6-3-7 所示。

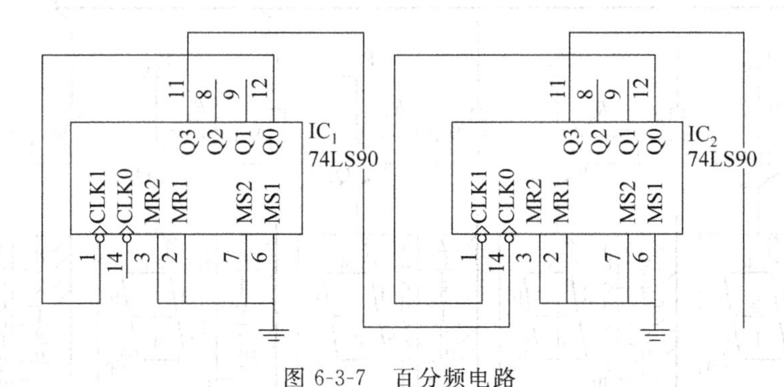

图 6-3-7　百分频电路

74LS90 是异步二—五—十进制加法计数器，它既可以作为二进制加法计数器，又可以作为五进制和十进制加法计数器。本设计采用其十进制作用，实现百分频。

(2) 复位电路：使用独立式键盘及单片机的 RST 接口。该设计要求只需采用手动复位。所谓手动复位，是指通过接通一个按钮开关，使单片机进入复位状态。晶振电路用30pF电容和12MHz晶体振荡器为整个电路提供时钟频率。

(3) 晶振电路：8051单片机的时钟信号通常用两种形式的电路得到：内部振荡方式和外部中断方式。在引脚XTAL1和XTAL2外部接晶振电路器(即晶振)或陶瓷晶振器，就构成了内部晶振方式。由于单片机内部有一个高增益反相放大器，当外接晶振后，构成自激振荡器并产生振荡时钟脉冲。其电容值一般是5～30pF；晶振频率的典型值为12MHz，采用6MHz的情况也比较多。内部振荡方式所得的时钟信号比较稳定，实用电路比较多。

(4) 信号采集电路：主要采用AT89S52，其引脚图如图2-1-14所示。

8位单片机是MSC-51系列产品的升级版，AT89S52片内集成256字节程序运行空间、8KB Flash存储空间，支持最大64KB外部存储扩展。根据不同的运行速度和功耗的要求，时钟频率可以设置在0～33MHz。片内资源有4组I/O控制端口、3个定时器、8个中断；软件设置低能耗模式、看门狗和断电保护；可以在4～5.5V宽电压范围内正常工作。根据不同场合的要求，这款单片机提供了多种封装。这里根据最小系统有时需要更换单片机的具体情况，使用双列直插DIP-40的封装。

(5) 译码电路：主要采用74LS47，其引脚图如图6-3-8所示。

引脚	名称	引脚	名称
1	A1	16	V_{CC}
2	A2	15	$\overline{f}$
3	$\overline{LT}$	14	$\overline{g}$
4	$\overline{BI/RBO}$	13	$\overline{e}$
5	$\overline{RBI}$	12	$\overline{b}$
6	A3	11	$\overline{c}$
7	A0	10	$\overline{d}$
8	GND	9	$\overline{e}$

图6-3-8　74LS47引脚图

74LS47是一块BCD码转换成七段LED数码管的译码驱动IC，其主要功能是输出低电平驱动的显示码，用以推动共阳极七段LED数码管显示相应的数字。

(6) 显示电路：数码显示电路如图6-3-9所示。

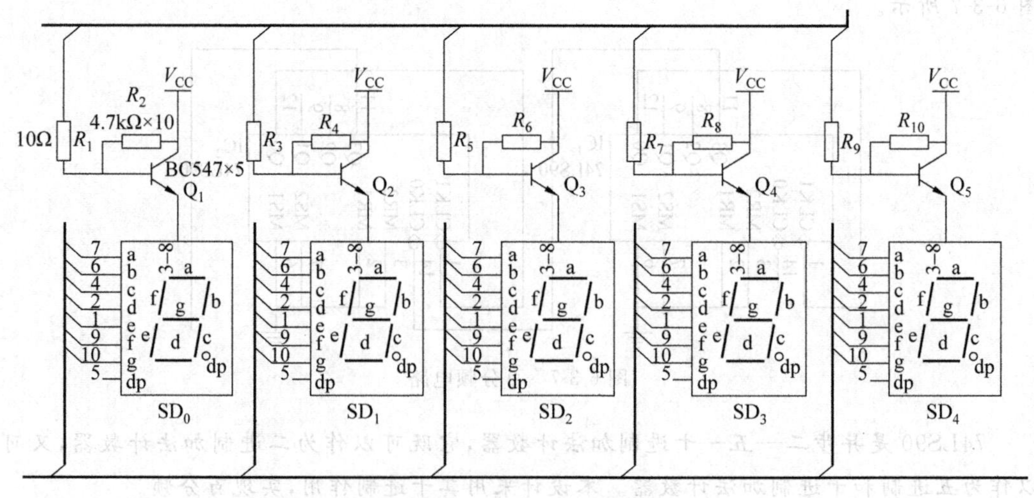

图6-3-9　数码显示电路图

思考与练习

1. 数字频率计的基本功能是什么？
2. 数字频率计的基本技术参数有哪些？

项目 7

传感器检测

项目分析

在工程技术领域，通常将能够把被测量(如被测物理量、化学量、生物量等)的信息转换成与之有确定关系的电量输出的装置称为传感器。传感器广泛应用于工业生产、宇宙开发、海洋探测、环境保护、资源调查、医学诊断、生物工程，甚至文物保护等极其之泛的领域。想要掌握传感器的应用，首先要掌握传感器的定义、分类、材料，以及传感器的特性、重要参数、选择标准及发展趋势。

任务 7.1　使用电阻应变片式传感器

任务分析

图 7-1-1 和图 7-1-2 所示为测重、测距仪器，在生活中应用十分普遍。这些仪器是利用什么原理制造的呢？想要掌握测重仪器的原理，需要了解电阻应变式传感器的结构、工作原理，以及应变片参数、选择及使用要求。

相关知识

电阻应变片式传感器具有悠久的历史，也是目前应用广泛的传感器之一。将电阻应变片粘贴在各种弹性敏感元件上，加上相应的测量电路后就可以检测位移、加速度、力、力矩等参数变化。电阻应变片是电阻应变片式传感器的核心器件。

1. 电阻应变片的结构及工作原理

1) 应变片结构与类型

电阻应变片(简称应变片)的结构形式各异，其结构组成与图7-1-3给出的电阻丝应

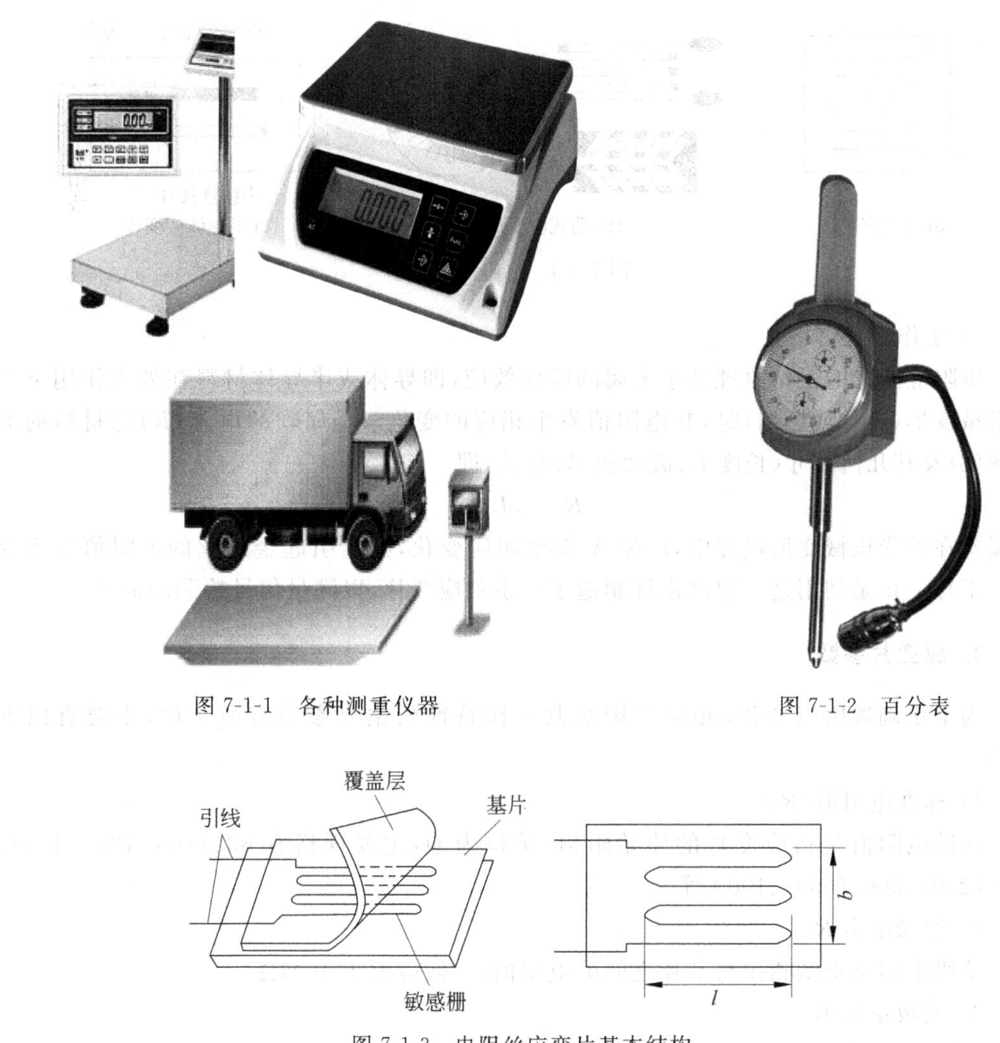

图 7-1-1　各种测重仪器

图 7-1-2　百分表

图 7-1-3　电阻丝应变片基本结构

变片结构基本相同。图中，l 为应变片的标距(或称工作基长)，它是敏感栅沿轴向测量变形的有效长度；b 为敏感栅的宽度(或称基宽)。

应变片主要有金属应变片和半导体应变片两类。金属片又有丝式、箔式、薄膜式之分。图 7-1-4 列举了几种不同类型的电阻应变片。其中，金属丝应变片使用最多、最早，它有纸基型、胶基型两种。因其制作简单、性能稳定、价格低廉、易于粘贴而被广泛使用。箔式应变片是通过光刻、腐蚀等工艺，将电阻箔片在绝缘基片上制成各种图案而形成的应变片，其厚度通常在 0.001～0.01mm。因其散热效果好、通过电流大、横向效应小、柔性好、寿命长、工艺成熟且适于大批量生产而得到广泛使用。薄膜式应变片是薄膜技术发展的产物，它是采用真空蒸镀的方法成形的，因其灵敏系数高，又易于批量生产而备受重视。半导体应变片是用半导体材料作为敏感栅而制成的，其灵敏度高(一般比丝式、箔式高几十倍)，横向效应小。

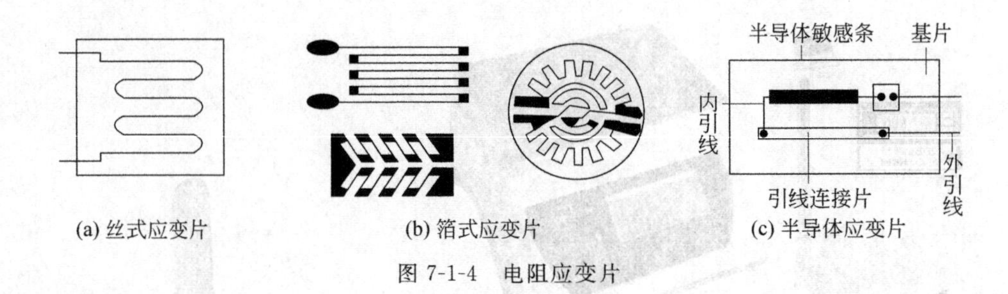

(a) 丝式应变片　(b) 箔式应变片　(c) 半导体应变片

图 7-1-4　电阻应变片

2）工作原理

电阻应变片的工作原理基于金属的应变效应，即导体或半导体材料在外力作用下产生机械变形（拉伸或压缩）时，其电阻值发生相应的变化。金属丝的电阻（R）与材料的电阻率（ρ）及其几何尺寸（长度 L、截面积 A）有关，即

$$R=\rho L/A$$

金属丝在承受机械变形过程中，L 和 A 都要相应变化，必然引起金属丝的电阻值发生变化。工程上正是利用这一原理设计制造了一系列应变片，以满足信号检测的需要。

2. 应变片参数

为了正确选用应变片，必须对影响其工作特性的主要参数有所了解，主要有以下几项。

1）标准电阻值（R_0）

标准电阻值是指应变片的原始阻值，单位为 Ω，主要规格有 60、(90)、120、(150)、200、(250)、500、(650)、1000 等。

2）绝缘电阻 R_G

绝缘电阻是指敏感栅与基片之间的电阻值，一般应大于 10MΩ。

3）灵敏系数 K

灵敏系数是指应变片安装到被测物体表面后，在其轴线方向上的单向应力作用下，应变片阻值的相对变化与被测物表面上安装应变片区域的轴向应变之比。

4）应变极限（ξ_{max}）

应变极限是指恒温时指示应变值和真实应变值的相对差值不超过一定数值的最大真实应变值。这种差值一般规定为 10%。当示值大于真实应变 10%时，真实应变值称为应变片的应变极限。

5）允许电流（I_e）

允许电流是指应变片允许通过的最大电流。

6）机械滞后、蠕变及零漂

机械滞后是指所粘贴的应变片在温度一定时，在增加或减少机械应变过程中与约定应变（即同一机械应变量指示的应变）之间的最大差值。

蠕变是指已粘贴好的应变片在温度一定并承受一定机械应变时，指示应变值随时间产生的变化量。

零漂是指已粘贴好的应变片在温度一定且无机械应变时，指示应变值随时间的变化量。

3. 选择、使用要求

在检测系统中，如果选用应变片(或称应变计)作为信号提取的敏感元件，需要解决好三个问题：一是确切了解各种应变计(或应变片)的使用特点、适用范围及型号的含义；二是选择好黏合剂；三是制定合理的粘贴工艺。

1) 电阻应变片的特点、型号和有关说明

表 7-1-1 列举了电阻应变片的使用特点及有关说明。具体选用按下述方法操作。

(1) 类型选择：按使用目的、要求、对象及环境条件等，参照表 7-1-1 选择相应的类型和结构形式。如常温测力传感器中的敏感元件，就可选用箔式或半导体应变计。

(2) 材料选择：根据使用温度和时间、最大应变量及精度要求等，选用合适的敏感栅和基片材料。

表 7-1-1 电阻应变片(应变计)使用特点

名称	说明	使用特点
单轴应变计	一栅或多栅同方向共基应变计	适用于试件表面主应力方向已知的情况
多轴应变计	一块基底上具有几个方向敏感栅的应变计	适用于平面应变场中，需准确地检测试件表面某点的主应力的大小和方向
丝绕式应变计	用耐热不同的合金丝材绕制而成	可适用于不同温度，尤其是高温；寿命较长，但横向效应大，散热性差
短接式应变计	敏感栅轴向部分用高 ρ 丝材，横向部分用低 ρ 丝材组合而成	横向效应小，可做成双丝温度自补偿，适用于中、高温
箔式应变计	敏感栅用厚 3～10μm 的铜镍合金箔光刻而成	尺寸小、品种多，静态、动态特性及散热性好；工艺复杂，广泛用于高温
半导体式应变计	由单晶半导体经切割、光刻、腐蚀成形，然后粘贴而成	灵敏度系数比金属材料大 50～80 倍，动态性能好，但稳定性较差
高温应变计	工作温度＞350℃，经高温固化而成	用金属基底，使用时将应变计点焊在被测物体上
特殊用途	大应变量应变计	用于大型桥梁等构件的信号测量
	防水应变计	用于水下应变测量
应变计	防磁应变计	用于强磁环境中的应变测量
	裂缝扩展应变计	用于测量裂缝扩展速度

(3) 阻值选择：依据测量线路或选定应变片的标准阻值，如配用电阻应变仪时，通常选用 120Ω 阻值；为了提高灵敏度，采用较高的供桥电压和较小的工作电流时，一般用 350Ω、500Ω 或 1000Ω 阻值。

(4) 尺寸选择：按照试件(或被测物)的表面粗糙度、应力分布状态和粘贴面积大小等选择合适的应变片。

(5) 其他考虑：指那些特殊用途、恶劣环境或精度要求很高时所使用的应变片。

2) 黏合剂的选择

应变片工作时，总要被粘贴到试件或传感器的弹性元件上。在测试被测量时，黏合剂形成的胶底层起着非常重要的作用，它应能准确无误地将试件或弹性元件的应变传递到应变片的敏感栅上。

4. 测量电路

在电阻应变片式传感器中，最常用的转换测量电路是桥式电路。按供桥电源性质不同，桥式电路分为交流电桥电路和直流电桥电路。目前使用较多的是直流电桥电路。下面以直流电桥电路为例，简要介绍其工作原理及有关特性。

1）直流电桥电路

如图 7-1-5 所示，直流电桥电路的 4 个桥臂由电阻 R_1、R_2、R_3、R_4 组成。其中，a、c 两端接直流电压 U；b、d 两端为输出端，其输出电压为 ΔU。一般情况下，桥路应接成等臂电桥（即 $R_1=R_2=R_3=R_4$）且输出 $\Delta U=0$。这样，无论哪个桥臂上受到外来信号作用，桥路都将失去平衡，导致有信号输出，其输出电压为

$$\Delta U = U_{ab} - U_{ad} = \frac{U(R_1R_3 - R_2R_4)}{(R_1 + R_2)(R_3 + R_4)}$$

单臂电桥工作（即只有一路被测信号 ΔR 进入电桥电路，如图 7-1-6 所示）时，其输出电压为 $\Delta U=\frac{\Delta RU}{4R}$。由此说明，当电桥的桥臂电阻受被测信号的影响发生变化时，电桥电路的输出电压随之发生变化，实现由电阻变化到电压变化的转换。

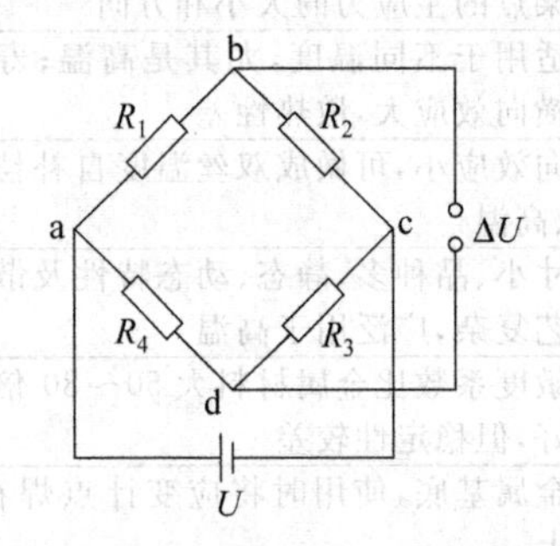

图 7-1-5 直流电桥电路原理图

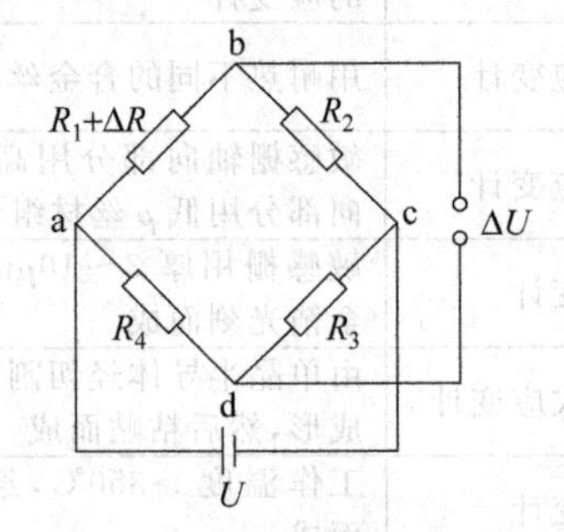

图 7-1-6 单臂电桥工作原理图

当桥路的 4 个桥臂同时工作时（即 4 个桥臂都有一个外来信号 ΔR，如图 7-1-7 所示），桥路的输出电压为

$$\Delta U = \frac{U}{4}\frac{R_1 - R_2 + R_3 - R_4}{R}$$

2）电桥灵敏度

根据电阻变化值输入电桥的方法不同，有半桥单臂、半桥双臂和全桥输入 3 种类型，它们的灵敏度各不相同。

（1）半桥单臂：若传感器输出的电阻变化量 ΔR 只接入一个桥臂，工作时只有一个桥臂的阻值随被测量发生变化（$R_1+\Delta R_1$），其余三臂的阻值 R 没有变化（$\Delta R_2=\Delta R_3=\Delta R_4=0$），则桥路的灵敏度为 $K=U/4$。

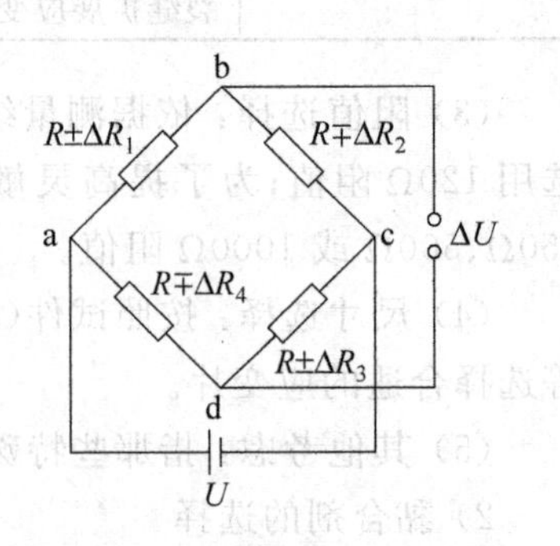

图 7-1-7 全等臂电桥工作原理图

(2) 半桥双臂：若有两个桥臂参与工作，桥路的灵敏度为 $K=2U/4=U/2$。

(3) 全桥：若 4 个桥臂都参与工作，桥路的灵敏度为 $K=4U/4=U$。

综合上述 3 种情况，得出桥式电路的灵敏度通解公式为

$$K = aU/4$$

式中：a 为桥臂系数。

上式表明，桥臂系数 a 越大，电桥电路的灵敏度越高；供桥电压 U 越大，电桥电路的灵敏度越高。

5. 温度误差及补偿

电阻应变片传感器在实际使用时，除了应变导致应变片电阻值发生变化外，温度变化也会使应变片的电阻值发生变化。这种因温度变化而产生的误差称为温度误差。产生的原因主要来自两个方面，一是因温度变化而引起的应变片敏感栅的电阻变化及附加变形；二是因被测物体材料的线膨胀系数不同，使应变片产生附加应变。常用的温度补偿方法主要有桥路补偿和应变片自补偿等。其中，桥路补偿法又称补偿片法。测量时，应变片是作为平衡桥的一个臂参与测量应变的。图 7-1-8 中，R_1 为工作片，R_2 为补偿片。工作片 R_1 粘贴在被测物体需测量应变的位置上；补偿片 R_2 粘贴在一块不受应力作用但与被测物体材料相同的补偿块上，并且处于和被测物体相同的温度环境中，如图 7-1-8(b)所示。当温度发生变化时，工作片 R_1 和补偿片 R_2 的电阻都会变化。因为 R_1 和 R_2 是同类应变片，又粘贴在相同的材料上，由于温度变化引起应变片的电阻变化量相同，因此 R_1 和 R_2 的变化相同，即 $\Delta R_1=\Delta R_2$。由于 R_1 和 R_2 分别接在电桥相邻的两个臂上，如图 7-1-8(a)所示，此时因温度变化引起的电阻变化 ΔR_1 和 ΔR_2 的作用可相互抵消，起到温度补偿的作用。桥路补偿法的优点是简单、方便，在常温下补偿效果比较好；缺点是温度变化梯度较大时，比较难掌握。

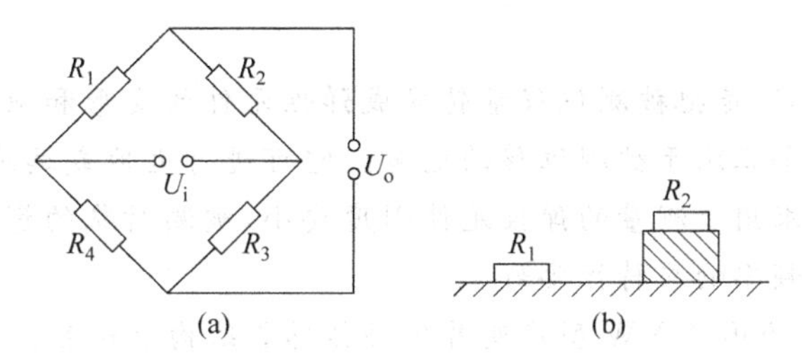

图 7-1-8　桥路补偿法

应变片自补偿法采用特殊应变片粘贴在被测部位上，在温度发生变化时使所产生的附加应变为零或相互抵消。所采用的应变片有选择自补偿片、双金属敏感栅自补偿应变片等。这种方法的特点是简单、实用、效果好。

任务实施

1. 工作准备

电子秤 1 台，应变片式称重传感器 1 只，导线若干。

2. 任务步骤

(1) 通过电子秤检测不同重力下所显示的测量值。

(2) 针对应变片式称重传感器进行接线。接线方法如下：

- 输入(电源)(＋)：红色；
- 输入(电源)(－)：黑色；
- 输出(信号)(＋)：绿色；
- 输出(信号)(－)：白色。

3. 检测评价

评分标准如表 7-1-2 所示。

表 7-1-2 评分标准

序号	项目内容	配分	评分标准	扣分	得分
1	元器件安装	20	安装不正确，每次扣 10 分		
2	接线	40	接线不正确，扣 20 分		
3	工艺	30	接线不符合规范，每处扣 5 分		
4	安全操作	10	违反安全操作规程，每项扣 1 分，扣完为止		
时间：1 小时			成绩：		

知识拓展

1. 位移传感器

应变式位移传感器是把被测位移量转换成弹性元件的变形和应变，然后通过应变计和应变电桥，输出一个正比于被测位移的电量。它可进行近地或远地静态与动态的位移量检测。实用时，要求用于测量的弹性元件刚度要小，被测对象的影响反力要小，系统的固有频率要高，动态频率响应特性要好。

图 7-1-9(a)所示为国产 YW 型应变片位移传感器结构示意图。这种传感器由于采用了悬臂梁—螺旋弹簧串联的组合结构，因此测量位移较大(通常测量范围 10～100mm)。其工作原理如图 7-1-9(b)所示。

由图 7-1-9 可知，4 片应变片分别贴在悬臂根部正、反两面；拉伸弹簧的一端与测量杆相连。测量时，当测量杆随被测件产生位移 d 时，带动弹簧，使悬臂梁弯曲变形产生应变，其弯曲应变量与位移量呈线性关系。由于测量杆的位移 d 为悬臂梁端部位移量 d_1 与螺旋弹簧伸长量 d_2 之和，因此，由材料力学可知，位移量 d 与贴片处的应变 e 之间的关系为 $d=d_1+d_2=Ke$(K 为比例系数，它与弹性元件尺寸和材料特性参数有关；e 为应变量，它可以通过应变仪测得)。

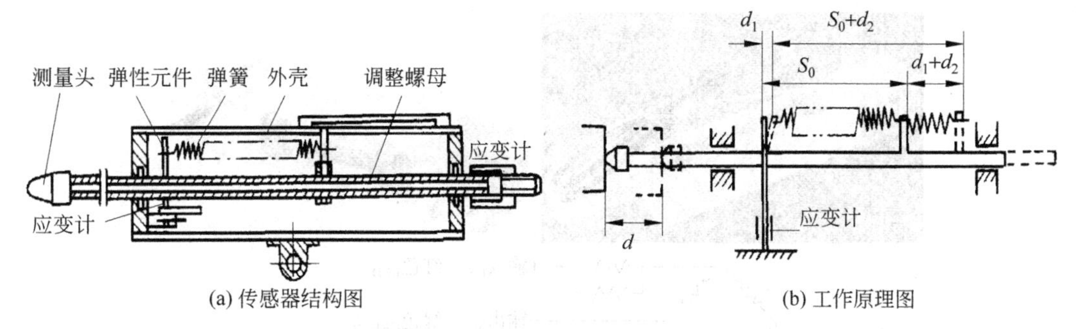

图 7-1-9 YW 型应变片位移传感器

2. 电子皮带秤

电阻应变式传感器在电子自动秤上的应用十分普遍，如电子汽车秤、电子轨道秤、电子吊车秤、电子配料秤、电子皮带秤、自动定量灌装秤等。其中，电子皮带秤是一种能连续称量散装材料(矿石、煤、水泥、面等)的质量(习惯上称为重量)的测量装置。它不但可以称出某一瞬间在输送带上输出的物料的重量，而且可以称出某一段时间内输出物料的总重量。电子皮带秤的测重原理如图 7-1-10 所示。测力传感器通过秤架感受到 L 段的物料量，设物料的质量为 $A(t)$，则

$$A(t) = q(t)L$$

式中：$q(t)$为皮带上单位长度的物料量(kg/m)；L 为被称量段的长度(m)。

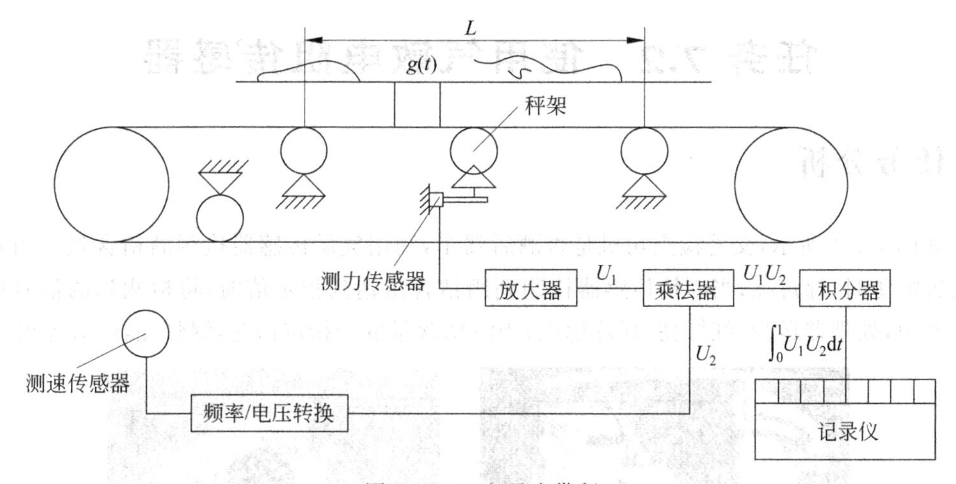

图 7-1-10 电子皮带秤

测力传感器上的输出信号为电压值 U_1。检测时，测速传感器将皮带的进度 $u(t)$ 转换成电压值 U_2，经乘法器把 U_1 与 U_2 相乘，得到皮带上单位时间里的输送量 $x(t)$，它们之间的关系为 $x(t)=Lq(t)u(t)$。将 $x(t)$经积分放大器处理后，得到 $0\sim t$ 段时间内物料的总重量，并在记录仪上显现出来。

图 7-1-11 所示为常见电阻应变式测力传感器实物图及连线方式。

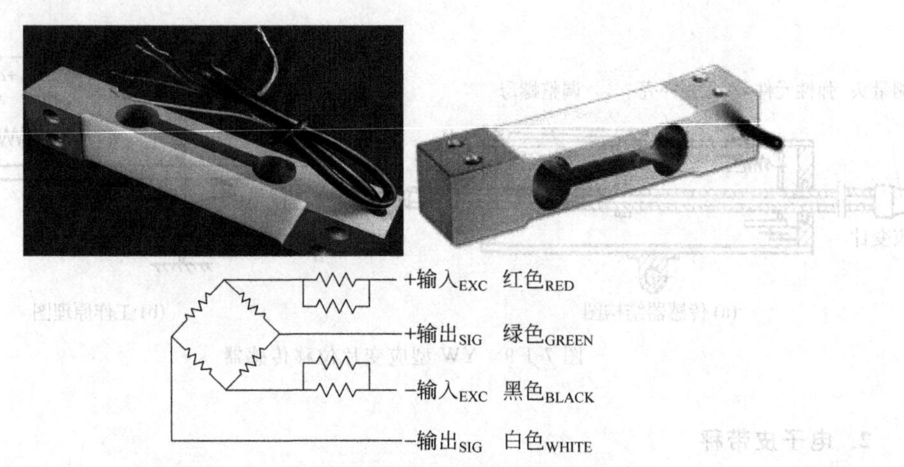

图 7-1-11 电阻应变式测力传感器实物图及连线方式

思考与练习

1. 什么是电阻传感器？
2. 什么是电阻应变效应？
3. 按桥臂工作方式不同，传感器分为哪几种？

任务 7.2 使用气敏电阻传感器

任务分析

如图 7-2-1 所示，交警检查司机是否酒后驾车，利用气敏传感器检测酒精含量。当开启该装置电源时，绿灯亮；当酒精传感器检测到酒精含量达到指定值时，将检测到的信号传到处理器中，处理器运行，红灯亮，绿灯熄灭；当酒精含量低于指定值时，绿灯亮，红灯熄灭。

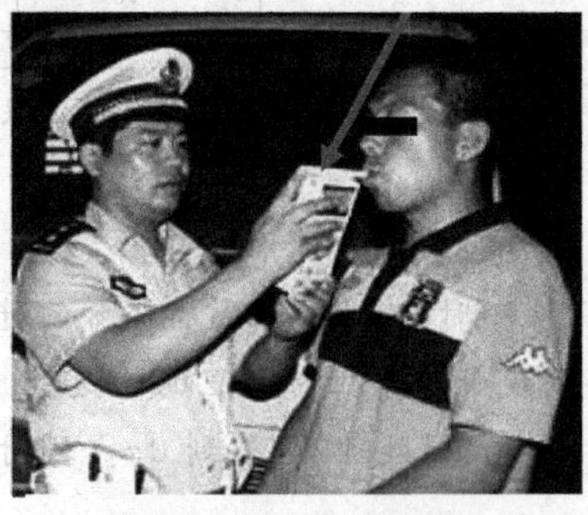

(a) 警察在测试驾驶员的酒精含量

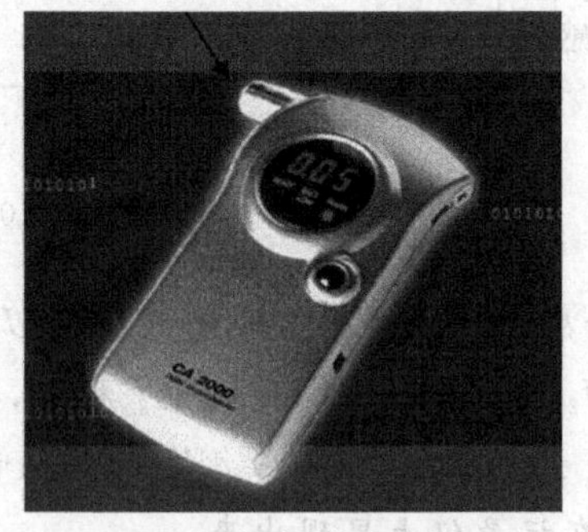

(b) 酒精测试仪实物图

图 7-2-1 酒精测试仪

要想完成本次任务，需要了解气敏传感器的工作原理、结构及使用要求。

相关知识

1. 气敏电阻传感器的基本概念

气敏电阻传感器是利用半导体气敏元件与被测气体接触后，造成半导体性质发生变化，引起阻值等发生变化，从而检测待定气体的成分或浓度的传感器总称。实际测量时，可用气敏传感器把各种气体的成分或浓度等参量转换成电阻、电压、电流变化量，并通过相应的测量电路在终端仪器、仪表上显示出来。气敏传感器的传感元件是气敏电阻，这是一种用金属氧化物（氧化锡、氧化锌、氧化铝等）的粉末材料按一定的配比烧结而成的半导体器件。

2. 工作原理

气敏电阻传感器工作的对象是气体，但由于对气体的敏感程度及检测的目的不一样，各气敏电阻传感器的工作原理有所区别。下面仅以半导体气敏电阻传感器为例，简要介绍其工作原理。半导体气敏电阻传感器有表明型和体型两大类。其中，SnO_2 和 ZnO 等比较难还原的金属氧化物制成的半导体，接触气体后在比较低的温度时就会产生吸附效应，从而改变半导体表面的点位、电导率等。由于半导体与气体之间的相互作用仅仅限于器件表面，故称为表面型半导体气敏传感器。γ-Fe_2O_3 这一类较容易还原的氧化物半导体在接触到低温下的气体时，半导体材料内的晶格缺陷浓度将发生变化，使半导体的电导率发生变化。这种能改变半导体性能的传感器称为体型半导体气敏传感器。此外，半导体气敏传感器还有电阻式和非电阻式的区别。当半导体接触到气体时，半导体的电阻值将发生变化，利用传感器输出端阻值的变化来测定或控制气体的有关参数，这种类型的传感器称为电阻式半导体气敏传感器；当 MOS 场效应管接触到气体时，场效应管的电压将随周围气体状态的不同而发生变化，利用这种特性制成的传感器称为非电阻式半导体气敏传感器。气敏传感器的系统框图如图 7-2-2 所示。

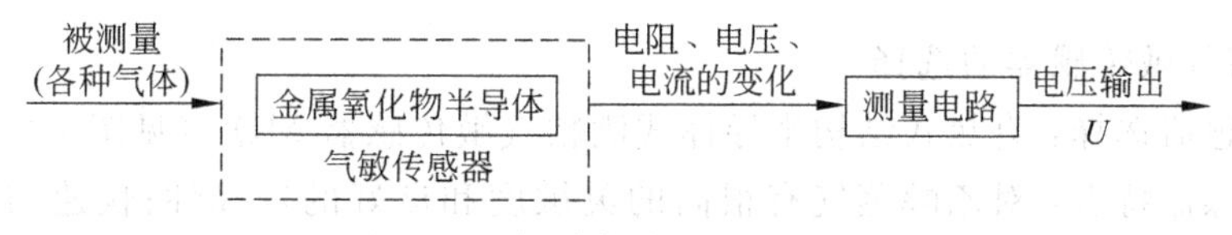

图 7-2-2 气敏传感器的系统框图

3. 结构组成

气敏传感器实物图如图 7-2-3 所示。

4. 半导体气敏传感器的性能及分类

半导体气敏电阻传感器的性能及分类如表 7-2-1 所示。

图 7-2-3　气敏传感器的实物图

表 7-2-1　半导体气敏电阻传感器的性能及分类

分　类	主要物理特性	类　型	气敏传感器	检测气体
电阻型	电阻	表面控制型	SnO_2、ZnO 等的烧结体、薄膜、厚膜	可燃性气体
		体控制型	La1-xSrCoO$_3$、T-Fe$_2$O$_3$ 氧化钛(烧结体)、氧化镁、SnO_2	酒精、可燃性气体、氧气
非电阻型	二极管整流特性	表面控制型	铂-硫化镉、铂-氧化钛(金属—半导体结型场效应管)	氢气、一氧化碳、酒精
	晶体管特性		铂栅、钯栅 MOS 场效应管	氢气、硫化氢

任务实施

1. 工作准备

半导体酒精传感器 1 只，导线若干。

2. 任务步骤

1）酒精气敏传感器的选择

(1) 传感器选择：直热式结构半导体式酒精气敏传感器 MQ-3(见图 7-2-4)。

(2) 传感器特点：对乙醇蒸气有很高的灵敏度和良好的选择性；快速的响应恢复特性；长期的寿命和可靠的稳定性；简单的驱动回路。

2）基本测量电路

气敏传感器的基本测量电路及电气符号如图 7-2-5 所示。

接线方式为：电极 A 和电热丝其中一段接电源"＋"极，电热丝另一端接电源"－"极，电极 B 接信号输出端。

图 7-2-4　MQ-3 型半导体式酒精气敏传感器

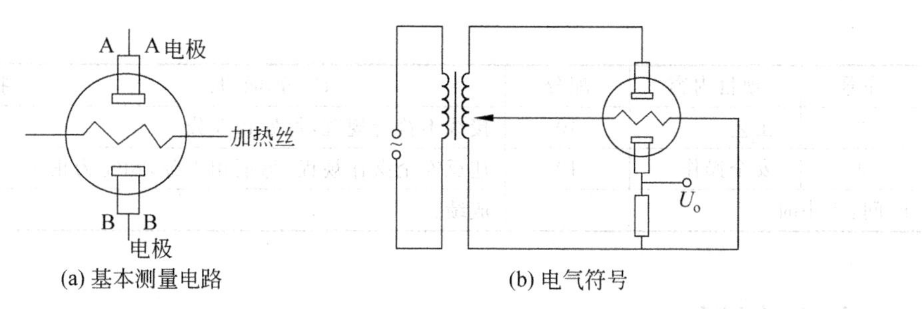

(a) 基本测量电路 (b) 电气符号

图 7-2-5 气敏传感器的基本测量电路和电气符号

3）酒精测试仪电路

酒精测试仪电路如图 7-2-6 所示，只要被试者向由气敏元件组成的传感探头吹一口气，测试仪便可显示出被试者醉酒的深度，决定出被试者是否适宜驾驶车辆。其中，气敏元件选用 MQ-3 型酒敏元件，它对乙醇气体特别敏感，因此是实用酒精测试理想的气体传感器件。

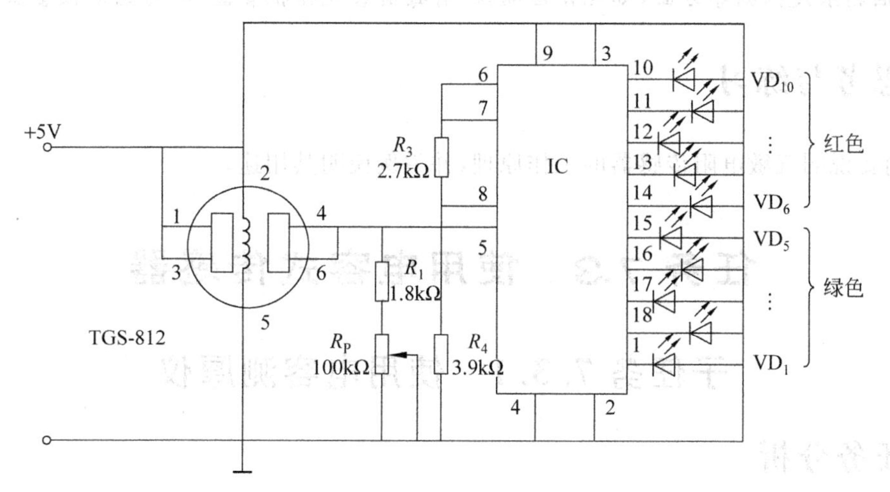

图 7-2-6 酒精测试仪电路

当气体传感器探不到酒精时，加在 IC 5 脚的电平为低电平；当气体传感器探测到酒精时，其内阻变低，使 IC 5 脚电平变高。IC 为显示推动器，共有 10 个输出端，每个输出端可以驱动一个发光二极管。显示推动器 IC 根据 5 脚的电位高低来确定依次点亮发光二极管的级数，酒精含量越高，点亮二极管的级数越大。上 5 个发光二极管为红色，表示超过安全水平；下 5 个发光二极管为绿色，代表安全水平，酒精的含量不超过 0.05%。

3. 检测评价

评分标准如表 7-2-2 所示。

表 7-2-2 评分标准

序号	项目内容	配分	评 分 标 准	扣分	得分
1	元器件安装	20	安装不正确，每次扣 10 分		
2	接线	30	接线不正确，扣 20 分		

续表

序号	项目内容	配分	评 分 标 准	扣分	得分
3	工艺	40	接线不符合规范，每处扣 5 分		
4	安全操作	10	违反安全操作规程，每项扣 1 分，扣完为止		
时间：1 小时			成绩：		

知识拓展

气敏电阻由于具有灵敏度高、响应时间长、恢复时间短、使用寿命长、成本低等特点，广泛应用于防灾报警，可制成液化石油气、天然气、城市煤气、煤矿瓦斯以及有毒气体报警器；也可用于大气污染监测以及在医疗上测量 O_2、CO_2 等气体；生活中用于空调机、烹调装置、酒精浓度探测等方面，如气体检漏仪、有毒有害气体报警器、矿灯瓦斯报警器等。

思考与练习

简要说明气敏电阻传感器的工作原理，并举例说明其用途。

任务 7.3 使用电容式传感器

子任务 7.3.1 使用电容测厚仪

任务分析

某自动化轧钢流水线处有一个电容测厚仪，其工作原理如图 7-3-1 所示。由传动轮推动钢板往右运行，经过轧辊，将钢板的厚度减小，并在轧辊后面有一个电容测厚仪，检测被轧的钢板是否符合要求（测量轧过后钢板的厚度），从而判断工件是否合格。

完成本次任务，需要了解电容传感器的基本概念、主要特点、工作原理及结构形式。

相关知识

1. 电容式传感器的基本概念及主要特点

1）基本概念

电容式传感器是以不同类型的电容器作为传感元件，并通过电容传感元件把被测物理量的变化转换成电容量的变化，再经转换电路转换成电压、电流或频率等信号输出的测量装置。

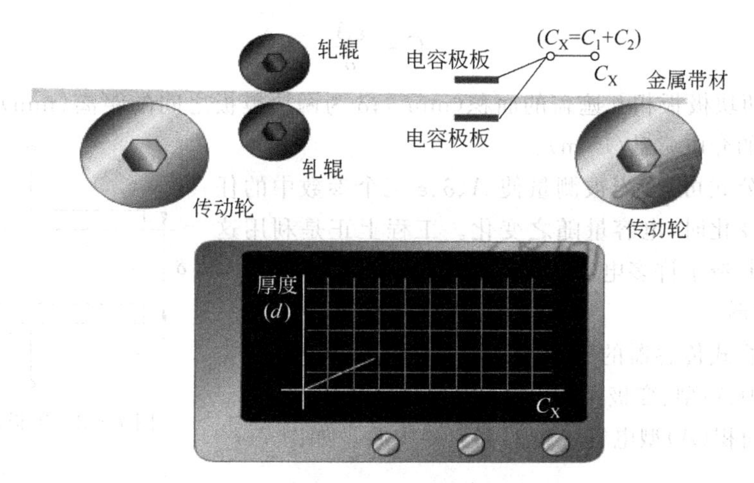

图 7-3-1　电容测厚仪示意图

2）主要特点

（1）结构简单。

（2）功率小、阻抗高、输出信号强。由于电容式传感器中带电极板之间的静电引力很小，因此在信号检测过程中，只需施加较小的作用力就可以获得较大的电容变化量及高阻抗的输出信号。

（3）动态特性良好。由于这种传感器极板之间的静电引力很小，工作时需要的作用能量很小，加上可动体的质量很小，因此具有较高的固有频率和良好的动态响应特性。

（4）受本身发热影响小。电容式传感器的绝缘介质多为真空、空气或其他气体，由于介质损耗比较小，因此其本身的发热对传感器的影响实际上可以不考虑。

（5）可获得比较大的相对变化量。电容式传感器与高线性电路连用时，相对变化量可近似达到100%，给检测工作带来极大的方便。

（6）能在比较恶劣的环境中工作。由于电容式传感器的组件一般不用有机材料或磁性材料制作，因此传感器在高、低温或强辐射等环境中都能正常工作。

（7）可进行非接触测量。当被测物有不能受力或高速运动或表面不允许划伤等情况时，电容式传感器可进行非接触测量，并且具有较好的平均效应。

（8）电容式传感器的不足之处，主要是寄生电容影响比较大；输出阻抗比较高，负载能力相对比较大；输出为非线性。

随着电子技术的飞速发展，电容式传感器的性能得到很大的改善，寄生分布电容、非线性等影响逐渐克服。在自动检测中，电容式传感器的应用越来越广泛，逐步成为高灵敏度、高精度，在动态、低压及一些特殊场合大有发展前途的传感器。

2. 电容传感器的工作原理及结构形式

1）工作原理

电容式传感器的工作原理可以从图 7-3-2 所示的平板电容器中得到说明。由物理学可知，对于由平行极板组成的电容器，如果不考虑边缘效应，其电容量为

$$C = \frac{\varepsilon A}{\delta}$$

式中：A 为两块极板相互遮盖的面积(mm^2)；δ 为两块极板之间的距离(mm)；ε 为两块极板之间介质的介电常数(F/m)。

由上述公式可见，当被测量使 A、δ、ε 三个参数中的任何一个发生变化时，电容量随之变化。工程上正是利用这一原理设计制造了许多电容式传感器。

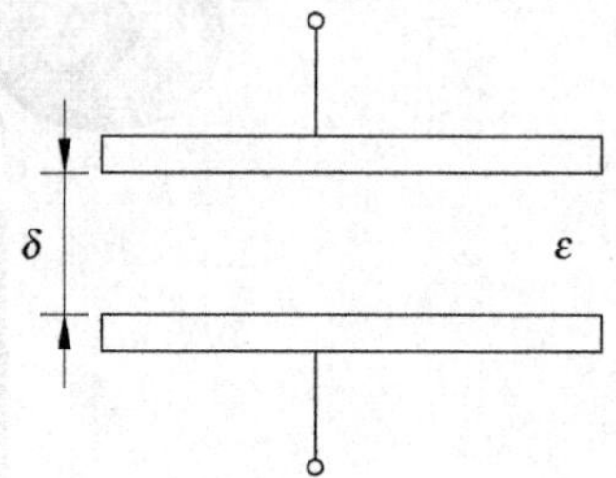

图 7-3-2　平板式电容器

2）结构形式

根据电容式传感器的工作原理，将其分为 3 种基本类型，即变面积(A)型、变极距(δ)型和变介电常数(ε)型。

(1) 变面积(A)型电容式传感器：结构原理如图 7-3-3 所示。

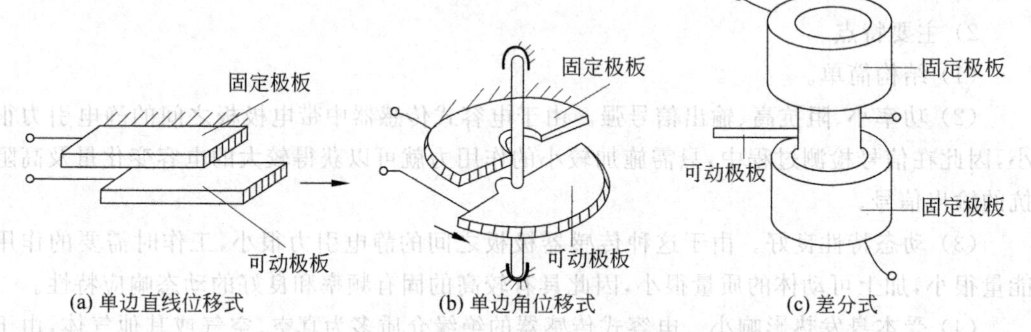

图 7-3-3　变面积型电容式传感器结构原理图

图中，(a)、(b)所示为单边式的，(c)所示为差分式的；(a)、(b)也可做成差分式的。当被测物体带动可动极板发生位移时，就改变了可动极板与固定极板之间相互遮盖的面积，引起电容量 C 变化。

对于如图 7-3-3(a)所示的平板式单边直线位移式传感器，若忽略边缘效应，其电容变化量为

$$C = \left| \frac{\varepsilon ab}{\delta} - \frac{\varepsilon(a-\Delta a)b}{\delta} \right| = \frac{\varepsilon b \Delta a}{\delta} = \frac{C_0 \Delta a}{a}$$

式中：b 为极板宽度；a 为极板起始遮盖长度；Δa 为可动极板位移量；ε 为两块极板间介质的介电常数；δ 为两块极板间的距离；C_0 为初始电容值。

这种平板直线位移传感器的灵敏度 S 为

$$S = \frac{\Delta C}{\mathrm{d}x} = \frac{\varepsilon b}{\delta} = 常数$$

对于如图 7-3-3(b)所示的单边角位移式传感器，若忽略边缘效应，则电容变化量为

$$\Delta C = \left| \frac{\varepsilon a r^2}{2\delta} - \frac{\varepsilon r^2(a-\Delta a)}{2\delta} \right| = \frac{\varepsilon r \Delta a}{2\delta} = \frac{C_0 \Delta a}{a}$$

式中：a 为覆盖面积对应的中心角度；r 为极板半径；Δa 为可动极板的角位移量。

这种单边角位移式传感器的灵敏度为

$$S=\frac{\Delta C}{\mathrm{d}\theta}=\frac{\varepsilon A_0}{\pi\delta}$$

式中：A_0 为电容器起始覆盖面积；θ 为可动极板的角位移量。

实际应用时，为了提高电容式传感器的灵敏度，减小非线性，常常把传感器做成差分式，如图 7-3-3(c)所示。中间的极板为可动极板，上、下两极板为定板。当可动极板向上移动距离 x 后，上极距就要减少 x，引起上、下电容变化。差接后的这种传感器灵敏度可提高 1 倍。

(2) 变极距(δ)型电容式传感器：结构原理图如图 7-3-4 所示。

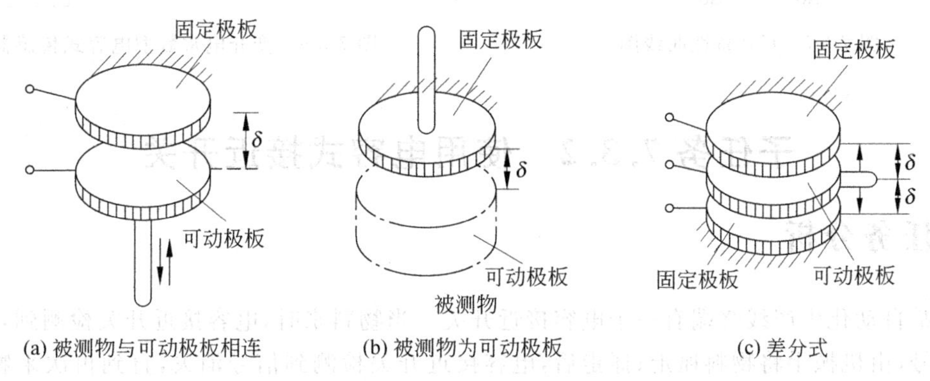

图 7-3-4　变极距型电容式传感器结构原理图

从图 7-3-4(a)和(b)看出，当可动极板由被测物带动向上移动(即 δ 减小)时，电容值增大；反之，电容值减小。设极板面积为 A，初始距离为 δ_0，以空气为介质时，电容量为 $C_0=\varepsilon_0 A/\delta_0$。

当间隙 δ_0 减小，$\Delta\delta$ 变为 δ 时，设 $\Delta\delta \ll \delta_0$，电容 C_0 增加 ΔC 变为 C，即

$$C=C_0+\Delta C=\frac{\varepsilon_0 A}{\delta_0-\Delta\delta}=\frac{C_0}{1-\Delta\delta/\delta_0}$$

电容 C 与间隙 δ 之间的变化特性如图 7-3-5 所示。电容式传感器的灵敏度用 S 表示，其计算公式为

$$S=\frac{\mathrm{d}C}{\mathrm{d}\delta}=\frac{\varepsilon A}{\delta^2}$$

在实际应用时，为了改善其非线性、提高灵敏度和减小外界的影响，通常采用图 7-3-4(c)所示的差分式结构。

(3) 变介电常数(ε)型电容式传感器：结构原理如图 7-3-6 所示。图中的两块平行极板为固定板，极距为 δ_0。相对介电常数为 ε_{r2} 的电介质以不同深度插入电容器，从而改变两种介质极板的覆盖面积。于是，传感器总电容量 C 等于两个电容 C_1 和 C_2 的并联之和，即

$$C=C_1+C_2=\left(\frac{\varepsilon_0 b_0}{\delta_0}\right)[\varepsilon_{r1}(l_0-l)+\varepsilon_{r2} l]$$

式中：l_0 和 b_0 为极板的长度和宽度；l 为第二种介质进入极板间的长度。

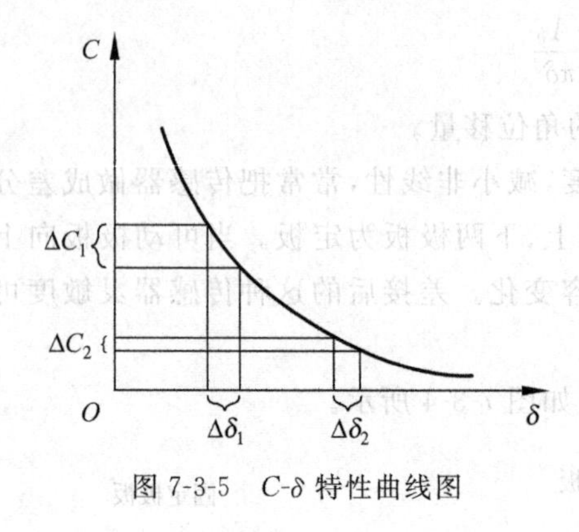

图 7-3-5　C-δ 特性曲线图

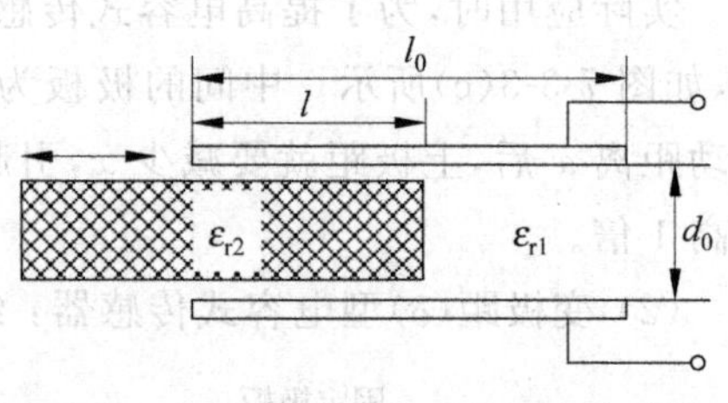

图 7-3-6　变介电常数型电容式传感器

子任务 7.3.2　使用电容式接近开关

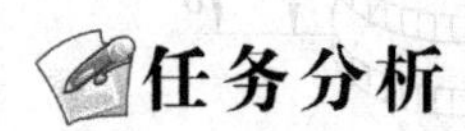

任务分析

某自动化生产线终端有一个电容接近开关。当物料来时，电容接近开关检测到，并发出信号，由机械手将物料抓走；抓走后，电容接近开关检测到信号消失，直到再次来物料，电容接近开关发出信号，驱动机械手将物料抓走；如此不断循环，直到按下停止按钮，该控制系统停止运行。

完成本次任务，需要了解电容式接近开关的工作原理、接线方式等。

相关知识

1. 电容式接近开关的基本工作原理

电容式接近开关是利用变极距型电容传感器的原理设计的。接近开关是以电极为检测端的静态感应方式，由高频振荡、检波、整形及输出等部分组成。其中，装在传感器主体上的金属板为定板，被测物体相应位置上的金属板相当于动板。工作时，当被测物体移动接近传感器主体时(接近的距离范围可通过理论计算或实验后取得)，由于两者之间的距离发生了变化，引起传感器电容的改变，使输出发生变化。此外，开关的作用表面与大地之间构成一个电容器，参与振荡回落的工作。当被测物体接近开关的作用表面时，回路中的电容量发生变化，使得高频振荡器的振荡减弱，直至停振。振荡器的振荡及停振这两个信号由电路转换成开关信号后送至后续开关电路，完成传感器按预先设置的条件发出信号，控制或检测机电设备，使其正常工作的任务。

2. 电容式接近开的关特点和使用性能

电容式接近开关主要用于定位或开关报警控制等场合。它具有无抖动、无触点、非接触检测等特点，其抗干扰能力、耐蚀性能等都比较好，而且体积小、功耗低、寿命长。它是完成长期开关工作比较理想的器件，尤其适用于自动化生产线和检测线的自动限位、定位等控制系统，以及一些对人体安全影响较大的机械设备行程和保护控制系统。

3. 实物图

电容式接近开关实物图如图 7-3-7 所示。

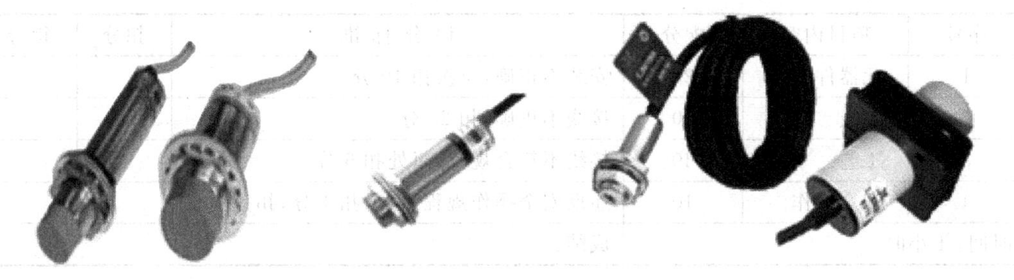

图 7-3-7 电容式接近开关

4. 特性参数

(1) 检测物体：任何介电物质。

(2) 电源电压：直流 10～30V DC、交流 90～250V AC。

(3) 检测距离：1～80mm。

(4) 输出电流：200mA。

(5) 输出模式：NPN 常开、NPN 常闭、NPN 常开常闭通用、PNP 常开、PNP 常闭、PNP 常开常闭通用、二线常开、二线常闭、交流晶闸管输出常开、交流晶闸管输出常闭、交流继电器输出，实现多路控制，能轻松满足各种控制要求。

电容式接近开关广泛应用于机床限位、检测、计数、测速、自动流水线定位发信号等多种控制，用于矿山机械、冶金、塑料、纺织、化工、轻工、烟草、电力、铁路等场合。

任务实施

1. 工作准备

电容式接近开关 1 只，导线若干。

2. 任务步骤

接线方法如下所述。

(1) 三根线的接法：棕色线接电源的正极，蓝色线接电源的负极，黑色线接负载(信号输出)。

常开型(NO)和常闭型(NC)的区别是：常开(NO)是指平常状态下信号输出线为断开状态，无信号输出；感应到物体时才闭合，输出信号。常闭(NC)是指平常状态下信号输出线为闭合状态，持续信号输出；感应到物体时才断开，关闭信号。

(2) 两根线的接法：棕色线接电源正极(或信号输出)，蓝色线接电源的负极。

3. 检测评价

评分标准如表 7-3-1 所示。

表 7-3-1 评分标准

序号	项目内容	配分	评 分 标 准	扣分	得分
1	元器件安装	20	安装不正确，每次扣 10 分		
2	接线	30	接线不正确，扣 20 分		
3	工艺	40	接线不符合规范，每处扣 5 分		
4	安全操作	10	违反安全操作规程，每项扣 1 分，扣完为止		
时间：1 小时			成绩：		

知识拓展

电容测厚仪

电容测厚仪是用来测量金属带材在轧制过程中的厚度的仪器，其工作原理如图 7-3-8 所示。检测时，在被测金属带材上、下两侧各安装一块面积相等、与带材距离相等的极板，并把这两块极板用导线连接起来，作为传感器的一个电极板；金属带材是电容传感器的另一个极板。其总电容量 C 是两个极板间的电容之和($C_X=C_1+C_2$)。如果带材的厚度发生变化，用交流电桥电路将这一变化检测出来，再经过放大，在显示器上把带材的厚度变化显示出来。

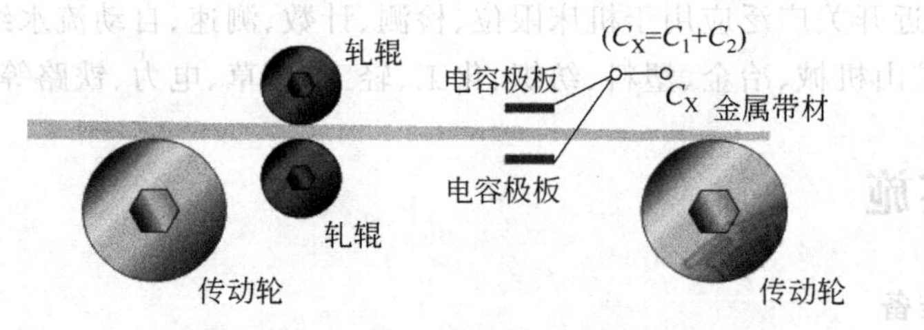

图 7-3-8 电容测试仪原理示意图

用于这类厚度检测的电容式厚度传感器的框图如图 7-3-9 所示。图中的多谐振荡器输出的电压是 U_1,U_2 通过 R_1、R_2($R_1=R_2$)交替对电容 C_1、C_2 充、放电，使弛张振荡器的输出交替触发双稳态电路。当 $C_1=C_2$ 时，$U_o=0$；当 $C_1\neq C_2$ 时，双稳态电路 Q 端输出脉冲信号，次脉冲信号经对称脉冲检测电路处理后变成电压输出，并用数字电压表示。输出电压的大小可用公式 $U_o=\dfrac{U_c(C_1-C_2)}{C_1+C_2}$ 计算，式中 U_c 为电源电压。

电容测厚仪的结构比较简单，信号输出的线性度好，分辨力比较高，因此在自动化厚度检测中应用比较广泛。

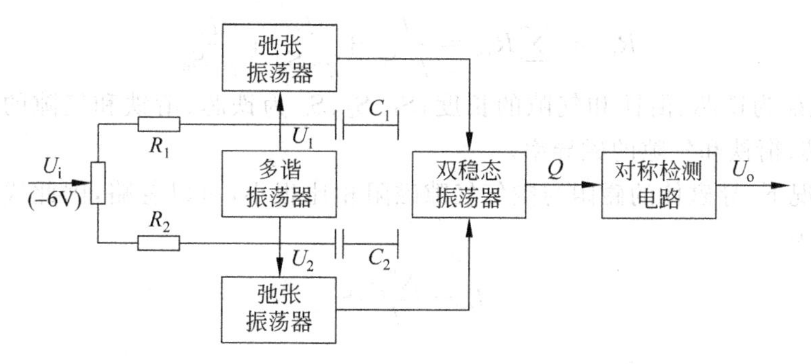

图 7-3-9　电容式测厚仪传感器方框图

思考与练习

1. 何为电容式传感器？其变换原理是什么？
2. 简述电容式传感器的优、缺点。
3. 电容式传感器分为哪几类？各自的工作原理及主要用途如何？

任务 7.4　使用电感式传感器

子任务 7.4.1　使用自感式电感传感器

任务分析

亚龙 235A 实训考核装置中有一个物料分拣装置，其中有一个电感式接近开关，其工作原理为：当有金属物料经过电感式接近开关时，电感式接近开关发出信号给 PLC，PLC 运行程序，驱动电磁阀将金属物料推到料槽。

相关知识

1. 自感式电感传感器的工作原理

自感式电感传感器结构如图 7-4-1 所示。传感器由线圈、铁芯和衔铁组成。工作时，可动衔铁与被检测的物体相连，被测物体的位移通过可动衔铁上、下移动，引起空气气隙的长度发生变化，即气隙磁阻相应地变化，导致线圈电感量变化。实际检测时，正是利用这一变化来判断被测物体的移动量及运动方向的。

线圈的电感量可用公式 $L=\frac{N^2}{R_m}$ 计算。式中，N 为线圈匝数；R_m 为磁路总磁阻。对于变间隙式传感器，如果忽略磁路铁损，则磁路总磁阻为

$$R_m = \sum_i R_{mi} = \frac{l_1}{\mu_1 S_1} + \frac{l_2}{\mu_2 S_2} + \frac{l_0}{\mu_0 S_0}$$

式中：l_1、l_2、l_0 为铁芯、衔铁和气隙的长度；S_1、S_2、S_0 为铁芯、衔铁和气隙的截面积；μ_1、μ_2、μ_0 为铁芯、衔铁和气隙的磁导率。

一般情况下，导磁体的磁阻与空气气隙磁阻相比很小，可以忽略，因此线圈的电感值近似地表示为

$$L = \frac{N^2 \mu_0}{l_0} S_0$$

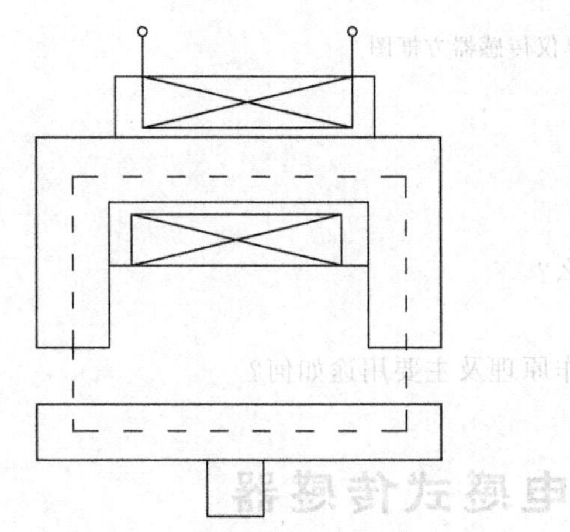

图 7-4-1　自感式电感传感器结构

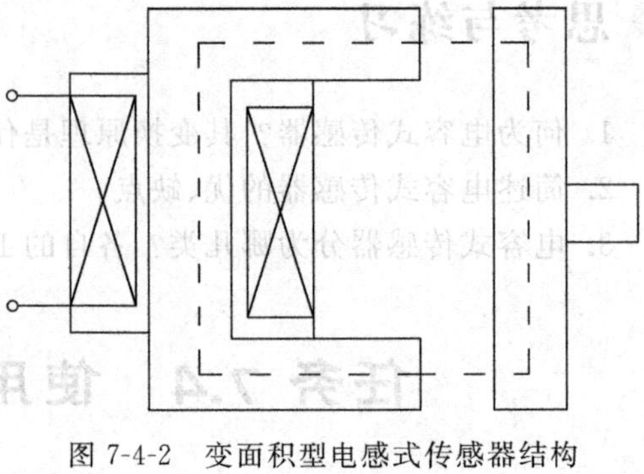

图 7-4-2　变面积型电感式传感器结构

2. 变面积型电感式传感器

变面积型电感式传感器结构示意图如图 7-4-2 所示。由图中可以看出，线圈的电感量也为

$$L = \frac{N^2 \mu_0 A}{2\delta}$$

传感器工作时，气隙长度保持不变，铁芯与衔铁之间相对覆盖面积（即磁通面积）因被测量的变化而改变，将导致电感量变化。这种类型的电感式传感器称为变面积型电感式传感器。通过公式可知线圈与截面积成正比，是一种线性关系。

3. 螺感型电感式传感器

螺感型电感式传感器的结构示意图如图 7-4-3 所示。当传感器的衔铁随被测对象移动时，将引起线圈磁力线路径上的磁阻发生变化，线圈电感量随之变化。线圈电感量的大小与衔铁插入线圈的深度有关。设线圈长度为 l，线圈的平均半径为 r，线圈的匝数为 N，衔铁进入线圈的长度为 l_a、衔铁半径为 r_a，铁芯的有效磁导率为 μ_m，则线圈的电感量 L 与衔

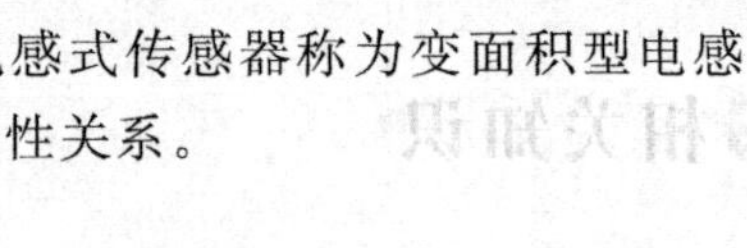

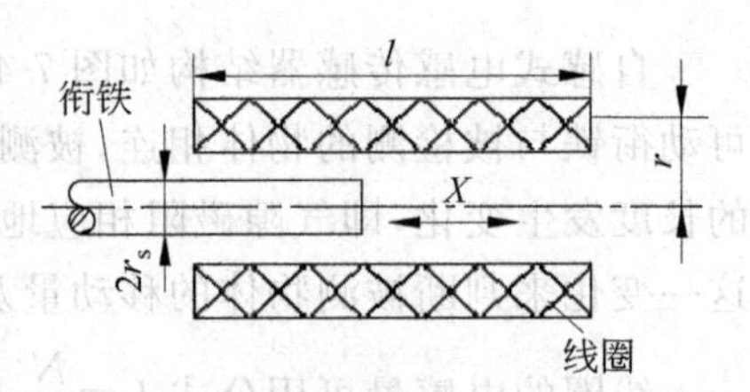

图 7-4-3　螺感型电感式传感器的结构示意图

铁进入线圈的长度 l_a 的关系表示为

$$L = \frac{4\pi^2 N^2}{l^2}[lr^2 + (\mu_m - 1)l_a r_a^2]$$

通过分析以上三种形式的电感式传感器，得出以下结论。

(1) 变间隙型传感器灵敏度高，但非线性误差较大，且制作、装配比较困难。

(2) 变面积型传感器灵敏度较前者小，但线性较好，量程较大，使用比较广泛。

(3) 螺感型传感器灵敏度较低，但量程大、结构简单，且易于制作和批量生产，常用于测量精度要求不太高的场合。

4. 差分式电感传感器

在实际使用中，常采用两个相同的传感器线圈共用一个衔铁，构成差分式电感传感器，以提高传感器的灵敏度，减小测量误差。其结构如图 7-4-4 所示。

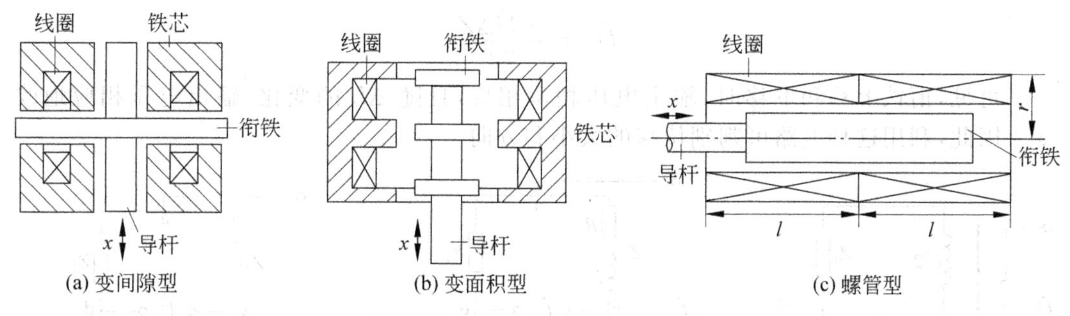

图 7-4-4 差分式电感传感器结构

差分式电感传感器的结构要求两个磁导体的几何尺寸和材料完全相同，两个线圈的电气参数和几何尺寸完全相同。

差分式结构除了可以改善线性，提高灵敏度外，对温度变化、电源频率变化等影响也可以补偿，减小了外界影响造成的误差。

5. 自感式电感传感器的测量电路

交流电桥是电感式传感器的主要测量电路，它的作用是将线圈电感的变化转换成电桥电路的电压或电流输出。前面提到，差分式结构可以提高灵敏度、改善线性，所以交流电桥多采用双臂工作形式。通常将传感器作为电桥的两个工作臂，电桥的平衡可以是纯电阻，也可以是变压器的二次绕组或紧耦合电感线圈。

1) 电阻平衡电桥

电阻平衡电桥如图 7-4-5 所示。

Z_1、Z_2 为传感器阻抗。$Z_1 = Z_2 = Z = R + jwL$，另有 $R_1 = R_2 = R'$。由于电桥工作臂是差分形式，在工作时，$Z_1 = Z + \Delta Z$ 和 $Z_2 = Z + \Delta Z$，电桥的输出电压为

$$\dot{U}_o = \dot{U}_{dc} = \frac{Z_1 \dot{U}}{Z_1 + Z_2} - \frac{R_1 \dot{U}}{R_1 + R_2} = \frac{\dot{U}\Delta Z}{2Z}$$

当 $L \gg R$ 时，上式写为

$$\dot{U}_o = \frac{\dot{U}\Delta L}{2L}$$

由上式可以看出，交流桥的输出电压与传感器线圈电感的相对变化量成正比。

2）变压器式电桥

变压器式电桥如图 7-4-6 所示。它的平衡臂为变压器的二次绕组，当负载阻抗无穷大时，输出电压为

$$\dot{U}_o = \frac{\dot{U}Z_2}{Z_1 + Z_2} - \frac{\dot{U}}{2} = \frac{\dot{U}}{2} \cdot \frac{Z_2 - Z_1}{Z_1 + Z_2}$$

由于是双臂工作形式，当衔铁下移时，$Z_1 = Z - Z$；$Z_2 = Z + Z$，则

$$\dot{U}_o = \frac{-\dot{U}\Delta Z}{2Z}$$

同理，当衔铁上移时，

$$\dot{U}_o = \frac{-\dot{U}\Delta Z}{2Z}$$

可见，衔铁上移和下移时，输出电压相位相反，且随 ΔL 的变化，输出电压相应地改变。因此，利用这种电路可判别位移的大小和方向。

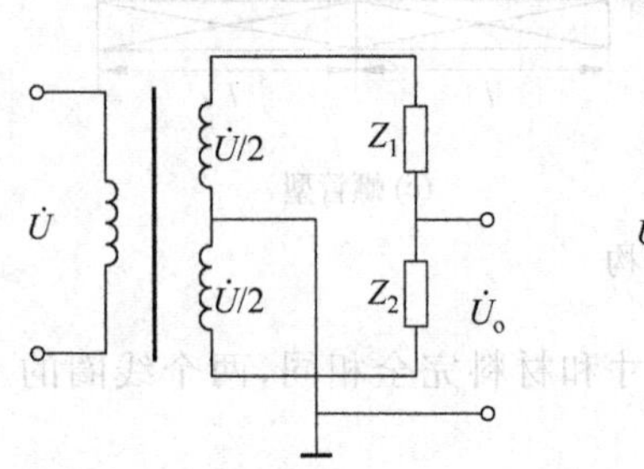

图 7-4-5 电阻平衡电桥

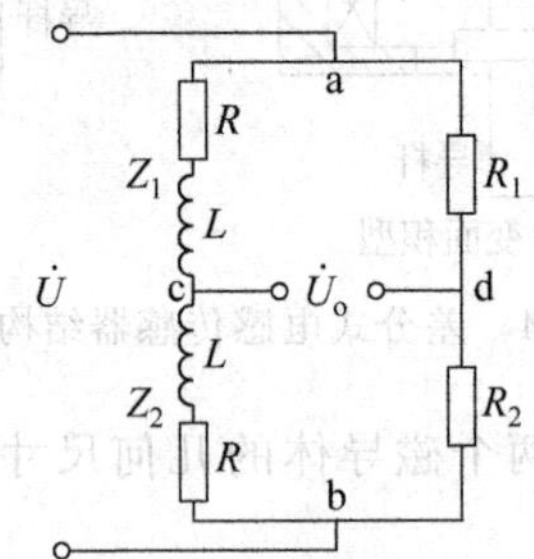

图 7-4-6 变压器式电桥

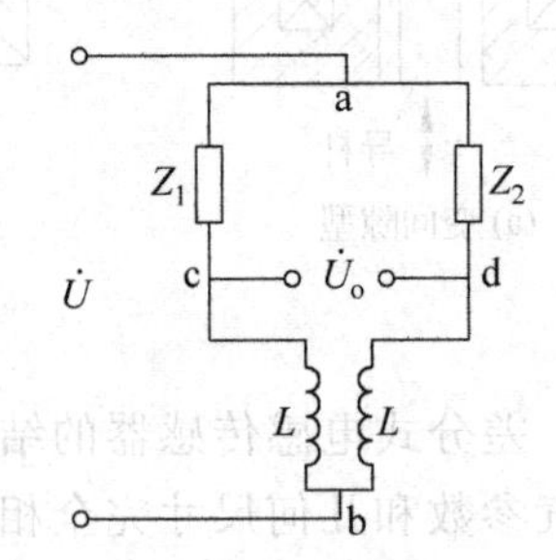

图 7-4-7 紧耦合电感比例臂电桥

6. 紧耦合电感比例臂电桥

紧耦合电感比例臂电桥由差分形式工作的传感器的两个阻抗作为电桥的工作臂，紧耦合的两个电感作为固定臂，组成电桥电路，如图 7-4-7 所示。

该电桥电路的优点是：桥路平衡、稳定，简化了桥路接地和屏蔽的问题，大大改善了电路的零稳定性。

子任务 7.4.2 使用互感式电感传感器

任务分析

现有一台注射塑料成型机，简称注塑机，其工作原理是利用塑料的热塑性，将物料经料 筒加热圈加热，使物料熔融，再以高速、高压使其快速流入模具的型腔，经一段时间的保压、冷却、固化定型后，模具在合模系统的作用下开启模具；再通过顶出装置，把定型好

的制品从模具顶出。在这个循环中，有几个工位需要精确控制，所以在运行过程中使用电感式位移传感器，利用它将运动轨迹传给 PLC，确定运行位置是否正确。

相关知识

1. 互感式电感传感器的工作原理

互感式电感传感器又称差分变压式传感器，其工作原理基于变压器的作用原理。它由两个或多个带衔铁的电感线圈组成，一、二次绕组之间耦合，可随衔铁或两个绕组之间的相对移动而变化，即能把被测量位移转换为传感器的互感变化，从而将被测位移转换为电压输出，如图 7-4-8 所示。由于使用比较广泛的是采用两个二次绕组，将其同名端串接，而以差分方式输出的传感器，所以常把这种传感器称为差分变压器式传感器。

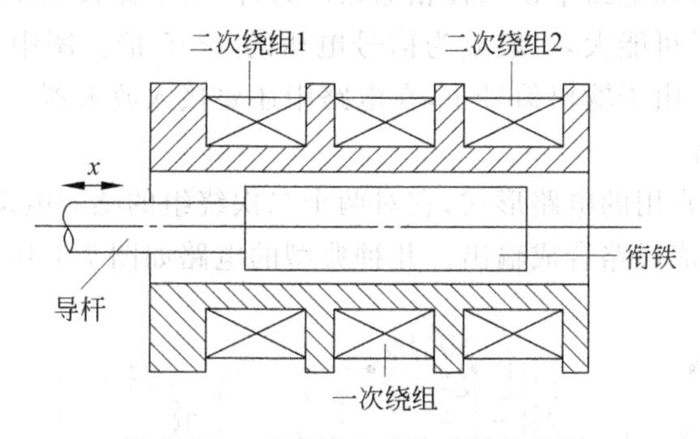

图 7-4-8 互感式电感传感器结构图

对于差分变压器而言，当衔铁在中间位置时，两个二次绕组的互感相同，因而一次激励引起的感应电动势相同。由于两个二次绕组反向串接，因而差分输出电压为零。当衔铁受被测对象牵动向二次绕组 2 一边移动时，二次绕组 2 的互感大，二次绕组 1 的互感小，因而二次绕组 2 内感应电动势 E_3 大于二次绕组 1 内感应电动势 E_2。差分输出电压 $U=U_3-U_2$，且不为零。在传感器的量程内，衔铁移动量越大，差分输出电压越大。同理，当衔铁向二次绕组 1 一边移动时，其输出电压反相。因此，通过输出即可知道衔铁位移的大小和方向，并由此推断被测物体的移动方向和移动量大小。

2. 测量电路

差分变压器随衔铁的位移输出一个调幅波，因而用电压表来测量存在下述问题。

(1) 总有零位电压输出，因而零位附近小位移量的测量比较困难。

(2) 交流电压表无法判断衔铁移动方向。

为此，需采用必要的测量电路。目前常用的有相敏检波电路、差分整流电路、直流差分变压器电路等。

1) 相敏检波电路

相敏检波电路如图 7-4-9 所示。

相敏检波电路要求比较电压和差分变压器二次输入电压频率相同，相位相同或相反。

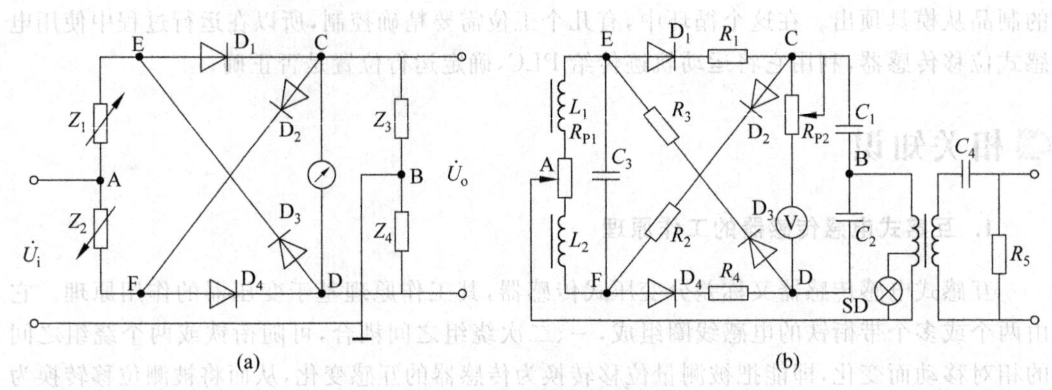

图 7-4-9 相敏检波电路

为了保证这一点，通常在电路中接入移相电路。另外，由于比较电压在检波电路中起开关作用，因此其幅值应尽可能大，一般应为信号电压的 3～5 倍。图中，R_P 为电桥调零电位器。对于小位移测量，由于输出信号小，在电路中还要接入放大器。

2）差分整流电路

差分整流电路是常用的电路形式，它对两个二次绕组的感应电动势分别整流，再把整流后的电流或电压串成通路合成输出。几种典型的电路如图 7-4-10 所示。

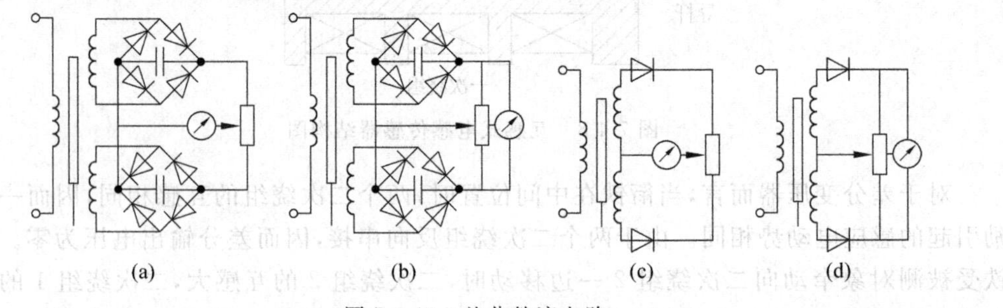

图 7-4-10 差分整流电路

这种电路比较简单，不需要比较电压绕组，不需要考虑相位调零和零位输出电压的影响，不必考虑感应和分布电容的影响。由于整流部分在差分输出一侧，故两根直流输送线连接方便，可远距离输送。经相敏检波和差分镇流输出，还需经过低通滤波电路，把调制的高频截波滤掉，检出衔铁产生的有用信号。

3）直流差分变压器电路

直流差分变压器的工作原理与差分变压器相同，差别仅在于仪器所用的电源是直流电源（干电池、蓄电池等）。直流差分变压器电路原理如图 7-4-11 所示，由直流电源、多谐振荡器、差分整流电路、滤波器组成。多谐振荡器提供高频激励电源，它可以是产生正弦波、三角波或方波的电路。直流差分变压器一般用于差分变压器与控制室相距较远（大于100m）、要求设备之间不产生干扰、便于携带测量的场合。

3. 实物图

自感式电感传感器实物图如图 7-4-12 所示。

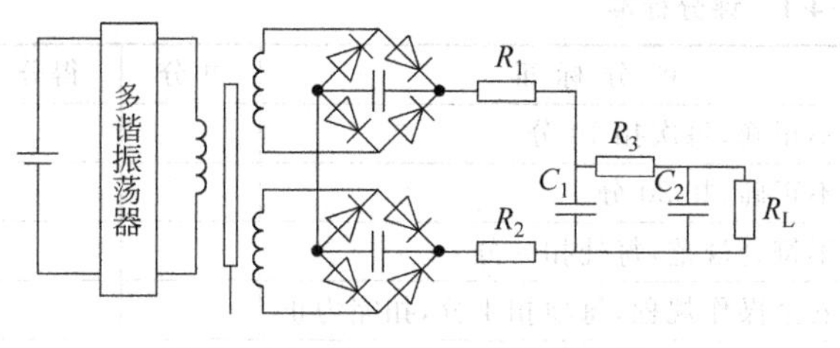

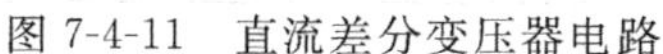
图 7-4-11 直流差分变压器电路

图 7-4-12 自感式电感传感器实物图

(1) 输出类型：三线 NPN(常开或常闭)、三线 PNP(常开或常闭)、四线 NPN 或 PNP(常开＋常闭)和 DC 二线(常开或常闭)。

(2) 工作电压：10～30V DC。

(3) 输出电流：200mA。

(4) 检测距离：S_n＝5mm，S_n＝8mm。

(5) 回差：≤5%S_n。

(6) 开关频率：800Hz/400Hz/25Hz。

(7) 标准检测体：铁 12mm×12mm×1mm。

(8) 工作环境温度：－25～70℃。

(9) 防护等级：IP67。

(10) 有极性接反保护。

(11) 有短路保护。

(12) 外壳材料：ABS。

(13) 外形尺寸：34mm×18mm×18mm(线长 2m)。

任务实施

1. 工作准备

电感式传感器(接近开关)1 只，导线若干。

2. 任务步骤

接线方法如下所述。

(1) 三根线的接法：棕色线接电源的正极，蓝色线接电源的负极，黑色线接负载(信号输出)。

常开型(NO)和常闭型(NC)的区别：常开(NO)是指平常状态下，信号输出线为断开状态，无信号输出；感应到物体时才闭合，输出信号。常闭(NC)是指平常状态下，信号输出线为闭合状态，持续信号输出；感应到物体时才断开，关闭信号。

(2) 两根线接法：棕色线接电源正极(或信号输出)，蓝色线接电源的负极。

3. 检测评价

评分标准如表 7-4-1 所示。

表 7-4-1 评分标准

序号	项目内容	配分	评 分 标 准	扣分	得分
1	元器件安装	20	安装不正确，每次扣 10 分		
2	接线	30	接线不正确，扣 20 分		
3	工艺	40	接线不符合规范，每处扣 5 分		
4	安全操作	10	违反安全操作规程，每项扣 1 分，扣完为止		
时间：1 小时			成绩：		

知识拓展

图 7-4-13 所示是电感测微仪测量电路的原理框图。测量时，测头与被测件接触，被测件的微小位移使衔铁在差分线圈中移动，线圈的电感值将产生变化。这一变化量通过引线接到交流电桥。电桥的输出电压反映了被测件的位移变化量。

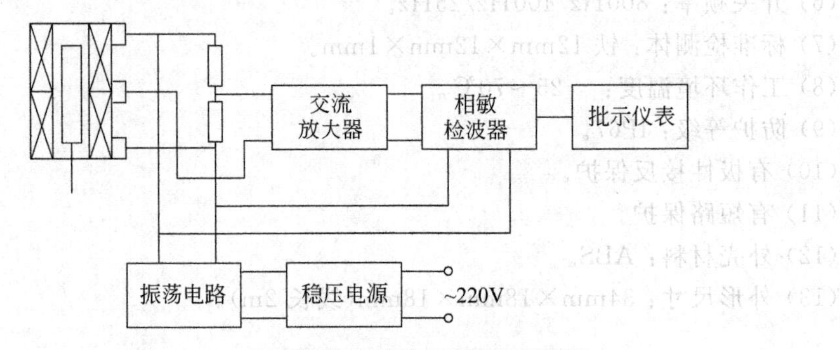

图 7-4-13 电感测微仪测量电路的原理框图

思考与练习

1. 简述自感式电感传感器的工作原理。
2. 简述自感式传感器和互感式传感器的区别。

参 考 文 献

1. 肖晓萍. 电子测量仪器[M]. 北京：电子工业出版社，2005.
2. 文春帆，金受非. 电工仪表与测量[M]. 北京：高等教育出版社，2004.
3. 杨承毅，刘军. 通用电工电子仪表使用实训[M]. 北京：人民邮电出版社，2007.
4. 孙克军，等. 常用传感器应用技术问答[M]. 北京：机械工业出版社，2009.
5. 陈锦燕. 无线电调试工实用技术手册[M]. 南京：江苏科学技术出版社，2007.
6. 赵中义，等. 示波器原理、维修与检定[M]. 北京：电子工业出版社，1990.
7. 沙占友. 万用表测量技巧[M]. 北京：电子工业出版社，1992.
8. 刘辉. 电子测量与测量技术[M]. 合肥：中国科学技术大学出版社，1992.
9. 郭仁，等. 无线电测量[M]. 北京：中国广播电视出版社，2002.
10. 王永定. 电子实验综合实训教程[M]. 北京：机械工业出版社，2004.